特集○家宅

ZHI JAPAN 14

出版人＆总编辑：苏静

特约联络主编：青山周平

艺术指导：马仕睿
资深主笔：毛丹青
编辑顾问：蒋丰，姚远，
汤祯兆，健吾，
剑心，王众一

副主编：周赟
编辑：丁一可，徐绿，张艺
特约记者：姚远（东京），platinum（东京）

策划编辑：王菲菲，段明月
责任编辑：段明月
营销编辑：邓丹

平面设计：满满特丸视觉设计工作室　王倩
特集特邀设计：刘天洋

Publisher & Chief Editor:
Johnny Su

Contributing chief Editor:
Shuheia Aoyama

Art Director: Ma Shirui
Chief Writer: Mao Danqing
Editorial Consultant: Jiang Feng,
Yao Yuan, Tong Chingsiu,
KENGO, Kenshin, Wang Zhongyi

Vice-chief Editor: Zhou Yun
Editor: Ding Yike, Xu Lü, Zhang Yi
Special Correspondent:
Yao Yuan (Tokyo), platinum (Tokyo)

Acquisitions Editor: Wang Feifei,
Duan Mingyue
Responsible Editor:
Duan Mingyue
PR Manager: Deng Dan

Graphic Design:
MANMANTEAM Vision Design Studio
Wang Qian

Special Graphic Design: Tianyang

图书在版编目（CIP）数据

知日·家宅 / 苏静主编. -- 2 版. -- 北京 : 中信
出版社, 2016.4
　　ISBN 978-7-5086-5956-5

Ⅰ.①知… Ⅱ.①苏… Ⅲ.①住宅—文化研究—日本
Ⅳ.①TU241

中国版本图书馆CIP数据核字(2016)第 041451 号

知日·家宅

主　　编：苏静
策划推广：中信出版社（China CITIC Press）
出版发行：中信出版集团股份有限公司
　　　　　（北京市朝阳区惠新东街甲 4 号富盛大厦 2 座　邮编　100029）
　　　　　（CITIC Publishing Group）
承 印 者：鸿博昊天科技有限公司

开　　本：787mm×1092mm　1/16　　　　插　页：8
印　　张：11　　　　　　　　　　　　　字　数：225 千字
版　　次：2016 年 4 月第 2 版　　　　　印　次：2016 年 4 月第 1 次印刷
广告经营许可证：京朝工商广字第 8087 号
书　　号：ISBN 978-7-5086-5956-5/G·1331
定　　价：45.00 元

○通过这本特集，简言之，我们想了解普通的日本人都住什么样的房子。

○还是从我自己说起。四年前，我以两百万人民币的标准，去查过在北京能买到的房子。结果是非常沮丧，没买成。四年后，当年两百万能买到的房子，普遍通胀到大概五百万。

○"幸运"的是，与此同时，因为我的外地户籍身份，在北京买房被限购。这样一来，就好像不是我买不起，或者不想买，而是买不成。

○为什么说五年前特别沮丧，是因为当时我通过互联网检索到两百万能买到的房子，基本都没有什么让人兴奋的感觉。特别是相对于两百万这笔巨资（当然没有不现实地追求豪宅），基本你能找到的房子都乏善可陈。

○几乎世界上所有国家的土地都是私有，日本也不例外，除了中国。在这样一个前提下，基本上日本人在自己土地上盖房子的选择就很多元化了，即便是东京，其建筑形态也很丰富。日本有以土地私有为核心的房屋产权保护，也没有随便拆迁，这一点是我们可望而不可即的。

○目前，中国很多房子的投资属性都大于居住属性，而且大部分房子的投资属性也都大大偏离房子的真实价值。

○令我个人印象最深刻的还是日本人对房子空间的利用。由于日本列岛土地资源紧张，他们创造出一种建筑类型，即"狭小住宅"，顾名思义，特指利用非常狭小的空间建造起来的住宅。针对这种高效空间利用衍生出来的建筑类别，日本还有类似于"one room mansion"以及"集合住宅"这样相对专有的建筑名词等等，另外，还有此前被国内媒体广泛报道过的"胶囊旅馆"。这种对空间的高效利用所迸发出来的创造力令人惊叹。在我看来，对资源和空间的合理利用产生的是一种效率美感。当然在其他很多方面，日本人也都发扬出这种效率之美。

○在协调"传统"和"现代"的平衡上，日本人一直都是这方面的示范。想到日本，大部分人脑海中都会有两个版本，一个是"传统日本"，一个是"现代日本"。而这"两个日本"，往往直反映出日本建筑的风貌。说到传统，比如京都的"町家"，这种历经时间长河延续下来的日本建筑形式，直到今天都得到了较好的保护和再利用。

○走过日本的街头巷尾，透过普通日本人居住的住宅样式和风貌，你比较容易就能感受到一种历史文化风貌的延续和变化，就像层积岩一样，层层叠叠。

苏静

特邀 联席主编

青山周平 ·····················
建筑师，1980 年出生于日本广岛，2003 年以"最佳毕业设计奖"毕业于大阪大学，并获第 10 届 UNION 造型设计大奖赛二等奖。2004 年作为日本政府文部科学省派遣留学生到布鲁塞尔 Sint-Lucas 建筑学院及巴黎国家高等拉维莱特建筑学院深造。2005 年从东京大学建筑学系毕业并获"最佳硕士论文奖"。2005 年起在 SAKO 建筑设计工社任设计师。2008 年升任设计室长，同年获日本商业空间协会设计大奖赛银奖。2012 年至今在清华大学修读博士学位，2013 年起同时任北方工业大学建筑学系讲师。

撰稿人

毛丹青 ·····················
外号"阿毛"，中国国籍。北京大学毕业后进入中国社会科学院哲学所，1987 年留日定居，做过鱼虾生意，当过商人，游历过许多国家。2000 年弃商从文，中日文著书多部。现任神户国际大学教授，专攻日本文化论。

川井操 ·····················
建筑师，日本岛根县人，1980 年出生，滋贺县立大学院环境科学研究科博士毕业。

刘联恢 ·····················
旅居日本多年，现为北京第二外国语大学汉语学院教师，专职教授外国留学生汉语和中国文化，每年为日本京都外国语大学等学校的暑期访华团做中国文化讲座。

水果君 ·····················
小说作者与漫画脚本担当，曾出版《Blurry·浊》《尼洛亚特狂歌》《翼之影·前奏》等。爱好是收集爱好。现居北京。

受访人

兼平雄树 摄影师 ·····················
1969 年生于东京。以 1996 年代官山同润会公寓解体为契机，开始拍摄东京都内有历史的集合住宅。2000 年以后担任同润会公寓保存记录活动的摄影师，并多次举办同润会公寓摄影展。为《逐渐消失的同润会公寓》一书担当摄影。

都筑响一 编辑、摄影师 ·····················
1956 年生于东京。1976 年起先后从事了《POPEYE》和《BRUTUS》的编辑工作。以出版记录东京人生活的《TOKYO STYLE》为开端展开了摄影活动，同时编辑活动也在继续进行。另出版有影集《珍日本纪行》《租赁宇宙》等，以及著书《夜露死苦现代诗》等。2009 年起发行独立电邮杂志《ROADSIDE′ weekly》。

东利惠 建筑师 ·····················
建筑家东孝光之女。现任东环境·建筑研究所代表。与东孝光一起设计了众多都市建筑。东孝光，1933 年生于大阪，于 20 世纪 60 年代设计的"塔之家"是"清水混凝土"和都市"狭小住宅"的先驱性建筑。

山下保博 建筑师 ·····················
建筑师，1960 年生于鹿儿岛，1991 年成立 Atelier Tekuto（天工人，1995 年更名）。现为九州大学客座教授。

柳泽究 建筑师 ·····················
一级建筑师，工学博士。1975 年生于神奈川县横滨市，2002 年创立以名古屋和京都为活动据点的 Que 一级建筑士事务所，2008 年改名为究建筑研究室。其作品曾获第 5 届（2012）地域住宅计划奖、2013 年京都建筑奖优秀奖。

塚本由晴、贝岛桃代 建筑师 ·····················
塚本由晴，建筑师，东京工业大学教授；贝岛桃代，建筑师，筑波大学教授。2011 年 8 月，作为 Archi Aid 东日本大地震建筑师复兴支援组织项目之一，"壮鹿半岛地域再生最小限住宅板仓之家 corehouse"项目被启动。

隈研吾 建筑师 ·····················
日本著名建筑家、一级建筑师。1954 年出生于神奈川县。1979 年毕业于日本东京大学建筑研究所，取得建筑硕士学位。1990 年创立隈研吾建筑都市设计事务所。有《水／玻璃》《石之美术馆》《三里屯 SOHO》《长城脚下的公社之竹屋》《长崎县立美术馆》等著名设计作品。曾获日本建筑学会赏、日本每日艺术奖等诸多奖项。著有《十宅论》《负建筑》《自然的建筑》等。

藤本壮介 建筑师 ·····················
新生代建筑家，1971 年生于北海道。2008 年凭借《情绪障碍儿童短期治疗设施》获得 2008 年度日本建筑大赏，代表作有《House O》《House N》《次世代モクバン》《武藏野美术大学图书馆》《House Om》等。

安藤忠雄 建筑师 ·····················
日本代表性建筑家。1941 年出生于大阪，自学建筑，1979 年凭借《住吉的长屋》获得日本建筑学会赏。历任耶鲁大学、哥伦比亚大学、哈佛大学客座教授。现任东京大学教授。1995 年获得普利兹克建筑奖。代表作品有《光之教堂》《水御堂》《淡路梦舞台》《地中美术馆》《表参道 Hills》等。

前田圭介 建筑师 ·····················
1974 年出生于日本广岛，1999 年毕业于国士馆大学建筑系，获第一届泷泽奖（国士馆大学最优秀毕业设计），参加第十一届大学优秀毕业设计原画展。2003 年成立 UID 建筑师事务所，2007～2010 年在穴吹专门学校建筑设计专业任客座讲师。

栗原健太郎、岩月美穂 建筑师 ·····················
2006 年成立建筑事务所 Studio velocity，位于爱知县。代表作有《冈崎的住宅》《可以看见天空的底层和小镇一样的 2 层》。

黑川雅之 建筑师、工业设计师 ·····················
1937 年出生于爱知县名古屋市。1967 年获得早稻田大学建筑博士学位，并成立黑川雅之建筑设计事务所。曾获每日设计奖、Good Design 金奖等多数奖项，作品被纽约当代美术馆选为永久收藏品。著有《八个日本的审美意识》《设计的修辞法》《设计与死》《身体与素材》等。

大治将典 设计师 ·····················
1974 年出生于广岛县。毕业于广岛工业大学环境设计学科。从事过建筑设计事务所和平面设计事务所的工作后，成立自己的工作室开始独立的产品设计活动。作品曾获日本 Interior Lifestyle 奖、Good Design 奖及陈设中国—晶麒麟奖等奖项。

泷泽宏 摄影师 ·····················
2006 年毕业于目白大学人类科学系心理咨询专业，2012 年获东京先锋摄影奖。他的摄影书《月球之石》被 2012 年的 Dummy Awards 提名。

联络 知日 ZHI JP

订阅、发行、投稿、建议
zhi.japan@gmail.com

微博
http://weibo.com/zhijp

豆瓣小站
http://site.douban.com/113806/

加入知日
408693831@qq.com

商业合作洽谈
（010）84407279

发行支持
中信出版集团股份有限公司
北京市朝阳区惠新东街 4 号
富盛大厦 2 座
100029

[Feature]

家宅の9人印象

王昀
（方体空间工作室主持建筑师）

住宅·日本住宅·城市规划

○ 住宅就像是衣服。每个人的生活习惯不同，房屋的设计也不同。房屋是满足人们行为的一个容器，需要做到个性化。好的住宅设计应该是具有基本可能性和未来改造的可能性。把可能性留给使用者，尽可能留有个性化改造的余地。

○ 日本唯一一个从古代延续下来的传统就是住宅基本的尺度——"叠"（"一叠"在各地的面积不同，大致标准为910×182cm左右），这也与柯布西耶提出的人体的理想模型相合。我们的建筑都是在讲造型，是物质的东西，背离了建筑的意义。比如某品牌的马桶，虽然造型很好，但是它不符合中国人身体的曲线。造型本质上是个人喜好，和材料一样都是与人无关的事，和人关系最大的是尺度问题。我认为建筑设计应该抛开视觉，抓住最本质的、不变的东西，真正从人出发，以人为对象来重新定义设计，这将是一个新的开始。所有的设计都该从研究中国人的尺度开始。

○ 一般来说，日本住宅都比较小，榻榻米可以在白天收起来放在壁橱里，使得卧室变成起居室，这样就可以在一个空间里实现多个功能。这与中国不同的功能要通过不同房间来实现的理念有着本质的不同。日本住宅空间设计还会考虑到人的活动，例如在厨房开窗，以便主妇在烹调时能够看到孩子的活动情况。

○ 日本的住宅是战后在原有城市肌理的基础上新建起来的。居住区、商业区和工业区等划分得很清楚。由于日本土地是私人拥有，分割较细小，

从城市整体来看各家住宅都整齐有序，但各家又不尽相同，保留各自的特色，统一中不乏变化。

欣赏的日本建筑师

○ 日本几乎每一个建筑师都是从设计住宅开始做起的。他们起步于小的事务所，没有大的公共性建筑项目，只能做住宅，也经常帮朋友、同学去设计住宅。从这个角度讲，每一个建筑师都是非常优秀的住宅设计师，因为他们都要从艰难的条件中开发居住的可能性，比如东孝光的塔之家。

○ 面积大的住宅，大家都可以设计，而在没有广大面积的情况下依然能设计出合理的居住条件，是非常厉害的，这是日本建筑设计文化的独特之处。

○ 日本的木质结构房屋需要不断翻新，因此，日本的建筑师有很多机会做住宅建筑、接触居住者，对人的理解和把握都比较深刻，可以从小的东西放大到大的东西来思考，都是基于对生活和人的理解来做。

梁井宇
（场域建筑主持建筑师）

住宅·日本住宅·城市规划

○ 住宅是生活的容器。理想的住宅除了遮风挡雨之外，应该是我们享受生命之乐、自然之美的地方。

○ 我对日本民居的第一印象是"小"：屋檐低矮，房间狭小，连家具也都紧凑一些。可稍微花些时间感受和适应，却可以发现空间虽小，但不会妨碍身体的正常活动。在这样紧凑、小尺度的空间居住习惯后，再看看美国人、中国人视为标准大

小的住宅，反而觉得有些空间虚大而浪费。

○ 日本民居有不少空间智慧。比如房间内除了矮桌外鲜有其他家具，生活用品都被收纳在储藏空间里，空间相对就变大了。因日本人席地而坐的习惯，以坐着的视线观看，房子也就不觉得太矮了。

○ 不管室内的空间多么狭小，日本民居都有一个主要特征，即建筑物向自然（庭院）的开放性，体现在日式民居典型的推拉门和推拉门外的檐廊这两个自然和建筑之间的过渡界面上。无论从视线上观察还是使用，这都将人居住的斗室与外界的大自然融为一体。与自然相比，房子本身的大小又能有多大的分别呢？

○ 日本人对空间的灵活运用令人称赞，房间可以应对多种使用用途，比如会客、就餐、饮茶乃至就寝等功能，这样就没有将起居室、餐厅、卧室分别设置的必要了，这种高度集约化的生活方式在节约资源、追求可持续发展的今天来看，实在是极佳的人类生活典范。

○ 日本高密度的高层住宅主要集中在大型公共交通枢纽站附近。从空中俯瞰东京，可以明显看到围绕主要地铁站附近的密集的高楼。而那些距离枢纽站较远的区域建筑高度和居住密度相对较低，保留了大量的城市绿地公园和传统建筑及街巷。这样的城市规划充分利用了公共交通的便捷性，同时又保证了城市里必要的低密度的环境，是城市对人口扩张时平衡发展与保护的可借鉴的折中策略。

欣赏的日本住宅项目

○ 住吉的长屋 / 安藤忠雄

建筑师在建筑的内部安排一个内庭院，将建筑的不同功能（餐厅、客厅、卧室、卫生间）分开，住户要使用这些不同房间时必须穿过这个露天的小庭院——无论刮风下雨还是风和日丽。这种建筑的强迫性无疑不是每个人都能接受的，但是它将日本人对自然与生活的认识表现到了极致。

○ 谷川的住宅 / 原一男

诗人谷川俊太郎的设计要求是"冬天的房子或是开拓者的小屋，夏季的空间或是泛神论者的教堂"。原一男将四分之一的空间安排给"冬天的房子或是开拓者的小屋"；在其余四分之三的空间里营造

了一个覆盖了坡顶却保持了原有地形坡度的泥土地面，将这个"裸"空间作为"夏季的空间或是泛神论者的教堂"。在这个空间里，除了再一次感到人和自然的关系被推到诗意极致外，建筑空间本身的自在性竟然没有失去，成为人与自然之间的调停与协作者。而这，不正是一栋理想的住宅建筑所需要的一切吗？

方振宁
（艺术家、建筑及艺术评论家）

住宅·日本住宅·城市规划

○ 中国的土地是公有的，而日本是私有制，所以在对待房子的态度上也就不一样。很多日本人都会在郊外自己买地建房，会考虑防震、防台风的设计和植被绿化等，而且每一家的设计都不一样。他们国土狭小，不管是个人住宅还是集合住宅，面积都非常小，但设计得很精致，在很小的空间中追求美，整体水平比较高，而且会使用很好的材料。

○ 住宅和人的关系，就是要考虑到人在使用上的功能。但中国的住宅在这方面好像考虑不是很周到，因为中国的城市空间很大，不会像日本那么见缝插针。日本有很多利用城市里的"边角料"来建造的狭小住宅，"边角料"就是一些大的建筑空间剩下的空间，有的人没有那么多钱就可以买狭小住宅。而且他们也有兴趣做狭小住宅的设计，还很有趣味性。

○ 中国的城市规划乍看上去四四方方，图案化，但不好用，缺乏秩序感。而把日本跟其他国家比较会发现，日本表面上看上去很乱，但近距离观察，他们的行为空间却很有秩序。

○ 日本的车多、人多，但空气照样清洁，我觉得在住房和规划方面和中国是完全不一样。中国的规划是粗线条的。以北京的老城区改造为例，为了拓宽道路使用非常简单粗暴的手段。特别是在奥运会之前，拓宽了很多道路，结果根本没有被使用，后来变成了停车场。比如前门大街东边建的很多街道，那边的人口和交通密度根本不需要那么宽的道路。现在房地产开发商、央企共同开发历史地区，破坏得很厉害，比如宣武区和西城区，很多近代历史上的遗迹都已经被破坏了。

○ 中国在城市规划、有节制的开发上很失败。在日本不管多小的东西都会被保护起来，在街上会

看见街道旁供着一些小佛龛，这种信仰在中国的街道是看不到的，到处是商业性的行为，人也特别多（我主要以北京为例）。

○ 要规划房子，首先要规划交通，因为交通是一个城市的血脉。规划首先要从常识出发，从人的使用功能出发，然后才讲到伦理道德。现在所有的规划都是优先考虑机动车道，这是不合理的，应该设置大量人能走的路和绿化空间，而且要用法律的形式固定下来。

欣赏的日本住宅项目

○ 西泽立卫的森山邸。从清家清的设计可以看出这种早期的泡沫经济之前的住宅，是怎么考虑空间的。

曹晓欣
（中国建筑设计研究院副总建筑师）

住宅·日本住宅·城市规划

○ 有一种较常见的观点是，住宅是容纳人的机器。但我不以为然，因为机器是预先设定好流程，但住宅承载着人，不只是一个物理层面的存在，更承载着人们的生活和精神世界，是人的精神家园。

○ 在如今多元化的社会里，人们有各种各样的生活方式，住宅也应该更加多样化，以适应不同人的生活方式。

○ 日本的民居给我的印象是层数少，房屋的密度很高。日本国土狭小、资源匮乏、土地紧张，因此房屋也建设得很紧凑，内部设置很精巧，这与中国人普遍追求大户型是不同的。

○ 日本住宅的产业化程度非常高，他们的工业化住宅发展得很好。在房屋的抗震性能等方面，技术手段十分发达。

○ 日本的城市规划，与其文化特别注重内心的修为不无关系。我们现在更多的住宅小区是在造景，而日本注重修景，不去强行制造一些无中生有的景观。就这点而言，日本人在住宅和居住环境的规划方面，表现出更多的是对自然的尊重，手段和方式也更为明确和清晰。相比于日本，中国在快速城市化的过程中缺乏明确的方向，也没有很好的思考。

○ 我非常钦佩日本的建筑师和住宅建设能够既体现出很高的技术性，同时又将他们对于自然的认识和哲学态度体现在设计中。我觉得任何创造都包含物理的技术和精神层面的折射这两方面的东西，日本的建筑师将这两方面平衡得非常好。

欣赏的日本建筑师

○ 新一代的日本建筑师，比如藤本壮介和石上纯也。

刘昊威
（建筑师，CAA建筑事务所创始人）

住宅·日本住宅·城市规划

○ 从古到今，住宅是人类文明的一种代表。城市代表了整个人类文明的面貌，城市的面貌可以映射出社会的文明和普世意义上的发达程度。

○ 日本是真正继承东方文化并使其与西方创意理念融合并发挥得最好的国家。

○ 不论是在城市还是村镇，日本人对居住环境的要求还是很高的，哪怕是很小的空间，他们也能将其维护、改善得很好，使之更适合生活。无论在文化意识方面，还是在实用性方面，他们的住宅建设做得都很不错，可以说是在亚洲范畴内做得最好的。

○ 日本的整个生活环境都注重细节和东方文化的表现，整体组合展现的是一种东方的品质。即便是很小的住宅，日本人也非常注重工艺，追求细节的完美，有追求极致的精神。这是建筑师对自己的要求和尊重，也是对处于这个环境中的人的尊重。

○ 日本现在经济发展放缓，但一直以来都保持对传统的尊重，这一点已经渗透到日本人的骨子里。他们对自己生活的环境非常重视，因为这对下一代甚至很多代都会产生影响。在东京，即便每个人享有的居住面积很小，但可以看出人类生存的环境如何被尊重。比如一个小小的胶囊旅馆，虽然非常小，但室内设置一应俱全，处处体现出充分的人文关怀。而比之国内，我们的空间非常大，建设速度很快，楼盘一年就能封顶，想起来很吓人的。物极必反，如果太过分，我们的后代会为我们现在的行为付出代价。想要让所有人完全停下来是不可能的，因为这是一个时代的需要，任何一个国家或企业要发展都会经历这样一个时期，但我们是否也该考虑为我们的未来留下些真正宝贵的东西，而不是在一席资本浪潮的席卷之后，发现我们最值得留下的东西没有了。我们需要学会像日本一样，尊重环境，也尊重我们自己，也是对我们自己未来的尊重。

欣赏的日本建筑师

安藤忠雄，伊东丰雄，妹岛和世。

梁志天
（香港建筑与室内设计师）

住宅·日本住宅·城市规划

○ "安居乐业"是每个人的基本需要，当中的"居"便是我们所指的住宅，它既解决人生活所需，也为家庭提供一个共享天伦之乐的地方，与人的关系密不可分。不同人士对住宅的要求都不同，但总括来说，我认为一个好的居所可兼顾不同家庭成员的需要，既为他们提供舒适的私人空间，同时也为一家人提供温馨的地方相聚。

○ 日本住宅给我的印象是十分精致、简约，面积不大但却功能齐全，在空间规划、运用上十分严谨。此外，我觉得日本人对住宅的用料、工艺及施工质量都一丝不苟。

○ 日本在住宅建设、城市规划等方面做得很现代化、工业化，规划十分仔细、详尽，也会从环保的角度出发，称得上是物尽其用、地尽其用，我认为这些都是值得我们学习的。

○ 我很欣赏日本人对知识产权的尊重。我曾参考过一些日本住宅，甚至是酒店设计的案例，看到很多人都愿意投放资源购买原装进口家具，而非仿冒产品，我认为这对设计界的发展十分重要。

欣赏的日本建筑师

○ 安藤忠雄，隈研吾。

独眼
（《世界建筑》杂志社采编部副主任，小说作者）

住宅·日本住宅·城市规划

○ 住宅是大部分人生活中最重要的居所，日本建筑师提出"居心地"的观念，作为家的住宅

也要有"居心地"这样的场所，或者它整体成为人的"居心地"，而不只是为了应付家庭生活的简单容器，得能够在其中过得踏实、舒适。

○ 日本的住宅布局设计紧凑、高效；因为空间小，所以利用率很高，浪费的面积非常少，对于地面的空间、半空的空间，都能有好的利用方式；格外注意卫生，比如，洁污分离、坐便器单独设置房间，这样的观念都是在日本住宅设计里实现的。

○ 因为空间小，日本住宅里使用的家具、电器的设计都很简洁，多数设计思考了使用全过程会占用的空间，例如吸尘器这样实用物品的设计和住宅设计是互相影响的，不仅要考虑到这些东西如何放置，也要考虑到它们发挥功能时需要占用的空间。以前我看过一张住宅厨房的设计图，考虑了微波炉和烤箱的型号以及它们的舱门打开、关闭时的状态。北欧的家居设计重视设计味儿，但日本的相比之下更重视体感，比如材料传达的温度感、设计的亲切程度，因此也就更富有人情味。

○ 日本建筑师设计的独立住宅在世界建筑界也是非常独特的现象。一代代的日本建筑师在住宅设计上堪称四两拨千斤。他们很少用奢华的材料，空间设计和生活的真实状态联系非常紧密。有时候，看这些方案会多一些对生活的想法：原来日子可以那么过，让人向往的是由那种建筑而产生的特别的生活方式，而不是向往财富什么的。

○ 日本在建设和规划方面，防灾、抗灾的意识比中国强很多，许多条款是必须强制性执行的，也确实能在实践中被彻底贯彻。这在自然灾害中救了更多人的命。中国也有条款以及严格的标准和规定，但多多少少执行得并不是很彻底。所以最近几年，震灾、泥石流一类的灾害还是会让很多本不应该受灾的人丧生，他们本不该、不必住在那种质量的建筑里，或者他们居住的地带是泥石流高发地区，在规划中就规定了不可建设。

○ 日本也更看重人的权利、居住者的权利、利益相关者的权利，甚至会规定住宅在马路上的投影面积的上限，这样有些房子就不能盖得太高。最近几年在杂志上会看到一些屋顶怪怪的、楼层错位的日本住宅，其中有的设计是在极小的基地里为了符合这些规定才设计成那样的。这意味着设

计价值观的改变，不单纯地追求建造完成的面积，而是考虑到各种人的使用、适用与感受。

欣赏的日本住宅项目

○ 韭菜之家 / 藤森照信

藤森照信在屋顶上挖出一个个小洞，里面种了韭菜，非常有趣。他的设计里在非常"拙"的感觉中有一种大刺刺悠然自在的感觉。前面说了那么多规矩、紧凑，反倒是他的设计，因为不是在狭促的城市里，反而能够发挥个人风格，同时，大概因为藤森本人是杰出的建筑历史学者，他的设计"日本味儿"很足。

野城
（旅法青年建筑师，诗人）

住宅 · 日本住宅 · 城市规划

○ 自从住宅成为商品经济下的大众消费品后，商品化的住宅越来越功能化，在漂亮的效果图和精装修表皮的掩盖下，似乎我们住在高密度的高层社区里就理所当然了。抛开这些虚假的商业外衣，你会发现我们的现代住宅是完全漠视人性的，它把人当作抽象的个体看待，按阶级、按收入划分成不同的消费群体，再把他们安置进不同档次的居住机器里，但本质上，我们住在同样性质的"鸽笼"里，远离自然，被城市囚禁。现代城市固然提供了各种便利，但唯一缺乏的，恰恰也是非常重要的，就是对人性的关照。

○ 日本住宅给人的印象就是简单、自然。日本特别讲求住宅的抗震性，因此民宅都比较"轻巧"，一般两三层，用的都是轻质的材料。不过像东京这样的大都市是特例，有不少高层和混凝土建筑，翻新的速度也相当快，新建筑层出不穷。

○ 日本的民居特别讲求内部环境的营造，哪怕只有很小的院子，都会见缝插针地绿化和制造小景观，给人感觉非常精致。

○ 岛国居民对灾难和住宅的看法与大陆上的居民不尽相同。他们不追求那种"永恒"，所以也不把希望寄托在建筑的永恒性上。在日本文化中，持久、坚固而结实的建筑理念是从来不存在的。而且日本的城市变化非常快，尤其在东京这样的大都市，几乎没有什么持久的东西。

○ 日本人特别注重保护自然环境，他们的森林覆盖率达到60%。他们不砍自己的树木去建造房屋，而是大量进口国外的建筑材料。

欣赏的日本住宅项目

○ 住吉的长屋 / 安藤忠雄

长屋中部露天的中庭和穿越而过的走廊是这个作品的经典之处。长屋的外立面没有设置一个窗户，所有房间的采光都是通过中庭，这种方式营造了一个私密性很强但又非常接地气的居住环境。这种建筑的内敛性可以说反映了日本建筑师一贯简洁的手法，造型简单，注重光影和内部环境的营造。

张子建
（设计师，创研综合设计研究所研究员）

住宅 · 日本住宅 · 城市规划

○ 家是使人获得安全和舒适的地方，在这样的空间里和自己最亲近的人生活在一起，因此人对住宅有很强的依赖性。地球上的生物都需要一个这样可以归宿的空间，而这个空间本身也是自然的一部分。

○ 现在大多数城市里的人都住在钢筋混凝土的盒子里。我从建筑领域看到一个观念的转化，关于人与空间的关系。人是不是应该生活在更自然的空间里？更符合一个生物生存的自然规律，让住宅建筑本身也成为大地中的一部分，让它接地气，让它自己有生命。有生命的东西包括有机的建筑材料，还包括它可以随着时间不断去修补和改善的可能性。这些都是可以留下记忆的，留下人一生的生存痕迹。

○ 进入工业化时代以后，人活得越来越像机器，而不像人了。也许整个社会将往另外一个方向发展，但设计师应该去修正它，让人活得像人本身，把人从浮躁的状态拉回大地之中，然后充分考虑生存空间的问题。我从日本的住宅建筑中可以看到这一点，而且在如此狭小的土地上能够充分考虑到空间的合理利用，还考虑到景观。

[*Feature*]

以绘探访古民家

图解古民家

○ 民家，顾名思义就是民众的住宅，是某个特定时期、特定的传统法则所营造的普通民众的居住空间。民居和官式建筑相比显得较为自由，由于不受各种条条框框的制约，建筑形态也更加丰富。它们可以就地取材，由很普通的工匠甚至主人和周边的邻居共同合作建造。换句话说，民家是没有建筑师设计的建筑作品，但是其设计、技术都不亚于雄伟的官式建筑。

○ 一方水土养育一方人，一方水土自然孕生一方建筑。民家深受地理气候条件、风土人情、当地建材等因素的影响，因此各地的民家个性鲜明，地域特征十分明显。民家的建筑样式淋漓尽致地传达了当地人的审美观念，反映了各地人们的生活智慧，是研究当时人们生活方式的最佳媒介。

○ 民家的屋顶形状、造型、隔间被称为民家的三要素，从这三个视点可以全面地了解日本古民家的美与智慧。

意匠——古民家的屋顶形状

○ 民家首先吸引人眼球的就是屋顶，屋顶最直接地反映了建筑意匠的智慧。日本民家的屋顶形状有三种：切妻造、寄栋造、入母屋造。由于民家内部空间的分隔方式不尽相同，屋顶形状的组合也会有各种各样的变化。屋顶使用材料的差异也会决定屋顶的倾斜度，即使是同样的形状也会给人以不同的印象。

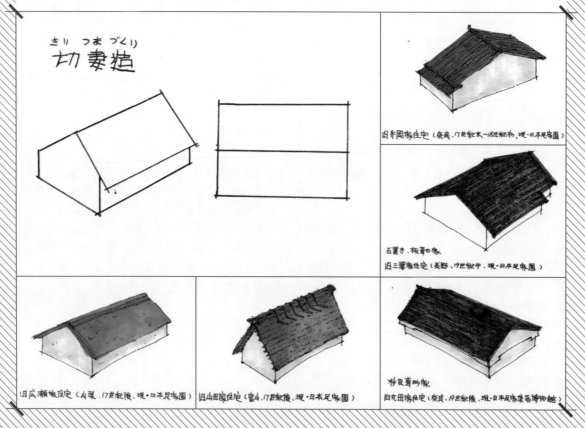

きり つま づくり
切妻造

旧井国家住宅（奈良、17世纪末～18世纪初、现·日本民家园）

石置き、板葺の家
旧三泽家住宅（长野、17世纪中、现·日本民家园）

旧广濑家住宅（山梨、17世纪后、现·日本民家园）

旧山田家住宅（富山、17世纪后、现·日本民家园）

杉皮葺的家
旧丸田家住宅（奈良、19世纪后、现·日本民家集落博物馆）

寄棟造
（よせむねづくり）

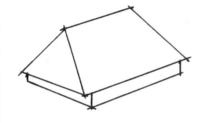

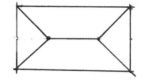

旧境家住宅（熊本、文政13年 1830 ）
2棟の建物にコの字型の屋根をかけている

旧作田家住宅（千葉、主屋17世紀後、釜屋18世紀後、現・日本民家園）
分棟型：主屋と釜屋に別個の屋根をかける

旧北村家住宅
（神奈川、貞享4年1687、現・日本民家園）

旧佐々木家住宅（長野、享保17年1732、現・日本民家園）
妻側の屋根を切り上げて、2階の採光を行なう

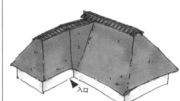

旧工藤家住宅（岩手、18世紀中、現・日本民家園）
曲がり屋：主屋と馬屋の取合部に出入口がつく

入母屋造
（いりもやづくり）

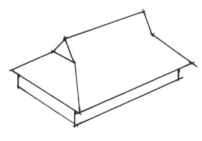

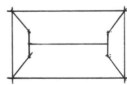

旧矢作家住宅（山形、18世紀中）
中門造：突出した部屋部分を通って屋内に入る

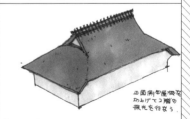

富沢家住宅（群馬、寛政2年 1790ニ3 ）
正面側の屋根を切り上げて2階の採光を行なう

中塚住宅（奈良、17世紀後）
高塀造：茅葺屋根と瓦葺屋根との組み合わせ

今西家住宅
（奈良、慶安3年1650年）
いろいろな屋根形を複雑に組み合わせている

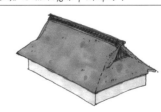

旧伊藤家住宅（神奈川、18世紀前、現・日本民家園）

构造——古民家的造型

○ 民家的造型取决于内部空间的构造组合，下面介绍的构造形式是日本民家内部空间的重要因素。

○ 支撑屋顶的骨骼组合称为"小屋组"。日本的小屋组有三种形式：真束组、叉首组、和小屋。

○ 民家的构造中，高柱子立起来的空间称为"上屋"，上屋周围低柱子立起来的空间称为"下屋"。由于梁和叉首的长度受到承重的制约，为了扩大梁的长度，在上屋的周围附加空间高度较低的下屋。下屋可以减少室内的独立柱，使构造更加发达。下屋的外面可以再附加下屋，也就是"又下屋"。

○ 茅草屋顶的"栋"主要起到防止漏雨的作用，在屋顶交叉的位置添加防风防雨的构件。由于装饰性很强，日本各地的栋也是特色各异，成为屋顶最有个性的特征。

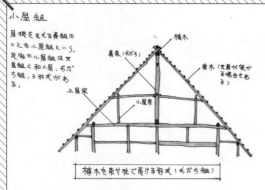

"真束组"是利用束和柱支撑栋木的形式。正中间的束称为"真束"，是支撑栋木的主要构架。

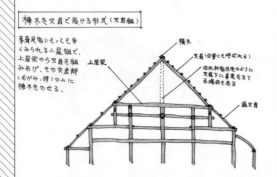

"叉首组"是利用叉首支撑栋木的形式，叉首也称为"合掌"。茅草屋顶民家的小屋组大多数利用上屋梁和叉首交叉组合，然后在交叉部再装上栋木。

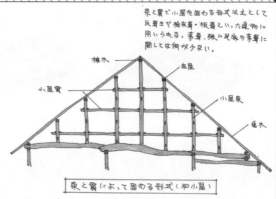

"和小屋"是利用束和贯固定构架的形式。这种形式常用于瓦、桧皮、木板屋顶的建造物。茅草屋顶的建造物比较少用，特别是民家的运用更是少见。

上屋和下屋

落差屋顶附加下屋的例子

与屋顶基础缝接在一起的栋

下屋部分收进同一个屋顶的例子

利用重量固定的栋

室内独立柱省略的例子

生活——古民家的隔间

○ 民居的原始空间比较简单，但伴随着人类的发展，人们对分割内部空间的需求日益增高。这种内部空间分割称为"隔间"，也就是平面布置。

○ 近世的日本民家，通常设有居住空间和满足从事作业、具备通路等功能的土间（不铺设地板的空间）。从民家的演变可以看出，随着年代的推移，建筑的规模逐渐扩大，隔间的分割也逐渐复杂化。但是，一间分割和二间分割的小型民家还是占多数。

○ 平面发展的初期阶段，即17世纪到19世纪之间，主要使用一间分割的布置方式。

○ 三室并列和通路的组合平面分割是町家（商店和居住一体的民家）的典型空间分割，主要以大阪北部为中心，兵库县的一些农家也有类似的例子。

○ 并列型开间分割多使用于山间倾斜地的民家。由于建筑地进深空间的限制，房间横排并列布置。

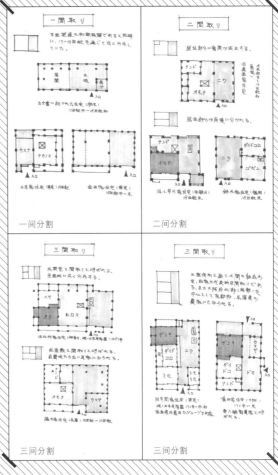

一间分割　　　　二间分割

三间分割　　　　三间分割

四间分割　　　　大开间分割

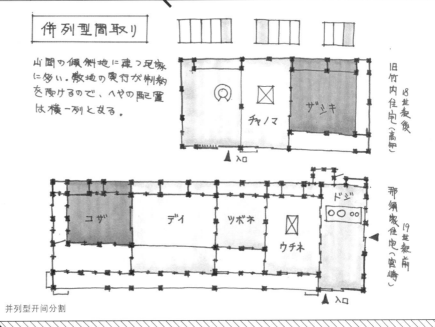

并列型开间分割

信越地区古民家探访

○ 首先要介绍一下川崎市立日本民家园。

○ 民家园实际就是以民居为主要展示品的露天博物馆。民家园的概念源于北欧，20世纪20年代后半期至30年代进入日本。目前日本国内大约有40座民家园。民家园收集、移筑和复原民居，尽可能地还原以前的生活环境和生活状态，因此不仅是展示设施，更是记录和保存生活和文化的一座博物馆。

○ 川崎市立日本民家园是关东地区最有影响力的民家园之一，位于日本神奈川县川崎市。川崎市为了保存这些具有历史价值的传统建筑，从1965年开始自全国各地将古民家移筑至民家园。从东日本具有代表性的民家开始，至今共收集25件历史性建造物，其中包括水车小屋、船头小屋、高仓、神社和农村歌舞伎舞台等。除此之外，园路还设有道明神、庚申塔、马头观音、道标等石造物，更能展现当初人们的居住环境。民家的内部也展示了大量的农具、生活用具等，生动传达了日本传统建筑所具备的美感与功能，重现了当时日本的生活状态。

○ 日本民家园的民家展示分五大板块：宿场（以前日本的旅馆）、信越的村落、关东的村落、神奈川的村落、东北的村落。除根据功能划分的宿场之外，民家展示基本根据住宅原来的所在地划分，形成地域性村落。这里想从信越地区的民家入手，探访古民家的建筑样式以及其中所呈现的生活方式。

○ 信越的村落共展示6栋传统建筑物，其中5栋是民家，1栋是水车小屋。"信越"的名称来源于昔日所对应的令制国名"信浓"和"越后"中开头单字的名称，位于日本的中部地区，主要包含岐阜县、富山县、长野县。

旧江向家住宅

○ 江向家住宅建于18世纪初期，现为日本国家指定文化财产。其旧址在富山县南砺市上平细岛，处于富山县与岐阜县的边境，属于越中五个山的合掌造住宅。因为地处豪雪地带，柱与梁的材料相对较粗，屋顶的倾斜度也很大。

○ 富山县的五个山地区和岐阜县的白川地区，正是以合掌造民家而为人熟知。但是这些地区的合掌造民家也不尽相同，富山县五个山地区庄川主流一带的民家和支流的利贺谷一带的民家，在特征上就有着明显的差异。

○ 向江家住宅属于庄川主流派系，具有三个鲜明特征："妻入"、"正面附有茅草挑檐的入母造建筑风格"和"田字形的四开间平面分割"。"妻入"是指将建筑两端的三角形垂直墙壁作为建筑的正面使用，设置出入口的建筑样式。这是日本最古老的建筑样式，出云神社就是个典型的例子。相对于"妻入"的是"平入"，指与梁脊平行的建筑样式。

○ 抬高的榻榻米部分，前面是设置有地炉的起居室和内客厅，后面是并排的寝室和座敷（铺有席子的房间）。前面是开放性空间，起居室主要是家人的日常生活场所，客厅则用以接待客人。后面的寝室

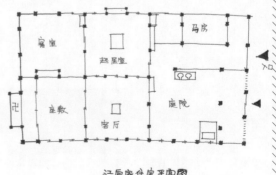

江向家住宅平面图

14

是私密性空间，因为越后地区信仰净土真宗，所以座敷一般设置佛间。

○ 合掌造民家给人印象最深的应当是高三角形的二、三层空间，这也是越后豪雪地区民家的地域特征。向江家住宅和下面介绍的山田家住宅、野原家住宅、山下家住宅的二、三层空间主要有三个功能：寒冬里建筑一层被大雪掩埋时，可以到二、三层居住；越后地区盛行养蚕，合掌式建筑的屋顶空间宽敞又通风良好，非常适于养蚕；贮藏食物和燃料，以备在漫长的冬季里使用。

○ 设有地炉的房间是家的中心，而向江家住宅设有两个独立的地炉空间，分别作为家族使用的起居室和客人使用的内客厅。向江家住宅的地炉上面悬挂着粗大的台棚，这个棚称为"火天"或者"火棚"。豪雪地带的物品比较容易潮湿，受潮物品可以放在棚上烘干，比如外出归来潮湿的鞋子。同时，棚也可以作为工作的场所，用于蚕茧干燥等。更有意思的是，严冬里人还可以在棚上睡觉，真是一举多得的设置。

○ 在向江家住宅的平面图上可以看到，右边马房的隔壁设有一个特别的小房间。这个房间是日本古民家重要的生活空间，主要用于制作日本的传统食料——豆酱，同时也可用于居住或作为整理生活垃圾的地方。

旧山田家住宅

○ 山田家住宅据推断建于17世纪后半期至18世纪初期，现为神奈川县指定文化财产。旧址位于富山县南砺市，是从越中五个山的桂集落移筑过来的合掌造住宅。因为处于笃信净土真宗的地带，所以拥有气派的佛堂，甚至还有称作"佛间"的隔间。

○ 日本民家园一共移筑有4座合掌造民家，山田家住宅从年代来看乃合掌造建筑中年代最古老的民家。整体面积大约141.5平方米，宽9.5米，进深14.8米。山田家住宅没有合掌造建筑常见的伸出部分，简明的长方形平面具有非常纯粹的切妻造建筑样式。

○ 不同于庄川主流派系的向江家住宅，山田家住宅属于庄川支流派系的民家。旧址所在的深山秘境东砺波郡上平村桂集落，曾经是只有五六户民家的小集落，现在保存下来的只有这座移筑到日本民家园的山田家住宅。虽然位于五个山的深山，但是和飞驒的白川乡深有渊源，这一点从建筑造型上就可一目了然。山田家住宅与江向家住宅、野原家住宅同属于合掌造建筑样式，但外观上更为朴素简单，而且没有挑檐。而挑檐也正是五个山派系和白川乡派系合掌造民家主要区别之所在。

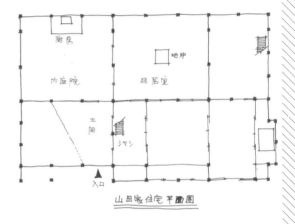

山田家住宅平面图

山田家住宅平面图

○ 建筑内部的土间面积非常狭小，这也是白川乡派系民家的特征。据说是因为地域狭小的关系，几乎没有农作业，所以没有必要设置宽广的土间。取代土间的部分是比抬高的榻榻米地板房间低一层、但铺设了地板的空间，作为厨房兼作业场使用，称为"ウスナワ"，也就是内庭院。入口处侧面设置有楼梯的小房间被称为"シャシ"，这也是白川乡派系民家的特征，五个山派系的民家一般在房间的角落设置楼梯。

○ 正是因为地处五个山却受到白川乡民家影响的特殊性，山田家住宅拥有了两者的共通特征。其中之一便是气派的佛堂。室町时代，日本的北陆一成为净土真宗信仰的繁盛地。其他宗教的佛堂一般只设牌位，而净土真宗佛堂祭拜阿弥陀佛，所以佛堂都设在家中最重要的位置，显得非常高大气派。随着年代的推移，设置佛堂的佛间有逐渐扩大的倾向，从日本民家园中建造年代由先到后的山田家、江向家、野原家的佛间大小演变可以得到印证。可以如此按照建筑的地域、年代进行对比研究，或许便是民家园这一设施的优点和必要性所在。

旧野园家住宅

○ 野原家住宅建于18世纪后期，是神奈川县指定文化财产。旧址位于富山县南砺市，是从越中五个山的利贺集落所移筑过来的合掌造住宅。梁的构件使用的是生长于倾斜地、树根呈弯曲状的大木材。屋顶内部的宽广空间是用来养蚕，或储备粮食、燃料的地方。

○ 野原家住宅同样位于富山县五个山地区，是属于庄川支流派系的合掌造民家。外观是合掌造独特的急斜度茅草屋顶。但是为了与周围的下屋衔接，妻侧附加了入母屋造屋顶。与江向家的单坡屋檐对比，构造上显得更加正规，妻侧三角形斜边部分的茅草营造方法也有所不同。

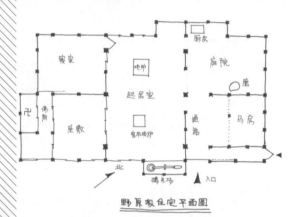

野原家住宅平面图

参考资料：
1.《世界的民家园·移筑保存型野外博物馆的设计》（世界の民家園·移築保存型野外博物館のデザイン）岸本章著
2.《日本的民家》（日本の民家）今和次郎著

○ 平面分割采用了以起居室为中心的宽敞三开间布置形式。起居室的中间有大梁（牛梁）通过，弯曲的梁在前后架起广阔的空间。内部设有两个地炉间，前面的地炉作为接待客人使用，前端设有捣米场和放置磨等道具的地方，后面的地炉作为家人生活使用。起居室的上方是座敷和寝室，土间部分设置有马屋、内庭院和通路。内庭院主要是厨房兼作业场，后方是水屋和连接的自来水装置，前方是打稻草的工作场。

○ 野原家的生计以农作业和烧炭为主。农作业方面，米的收成只能够维持自家使用，虽然也养蚕，但规模不大。烧炭是主要经济来源。每年在村落工头的指示下，先决定烧炭的场所，5月开始制作炭窑，一直连续到11月左右。烧炭期间几乎没有休息时间，因此家里只有老人和小孩。每逢冬天，大雪就会封锁村子。由于没有了来往的商人，粮食得不到保障，必须到乡镇去购买。来回需要行走8小时的大雪山路，一般由几户人家选出代表前往。

旧山下家住宅

○ 山下家住宅建于19世纪前期，现为神奈川县指定文化财产。旧址在岐阜县大野郡白川村，属于飞骅白川乡的合掌造住宅。

○ 上面介绍过的3栋合掌造民家都是从越中五个山地区移筑而来，唯独山下家住宅来自飞骅白川乡。岐阜县大野郡白川村正是因为这种特殊的合掌造建筑形态而闻名世界。1995年，岐阜县大野郡白川村的荻町集落被登录为世界遗产。（详见本书第18页《飞骅山间的伊吕波歌 白川乡的30个关键词》。）

○ 这个建筑最初被移筑到川崎车站前作为料理亭使用，1971年3月二次移筑至民家园作为园内的休憩和展示设施，因此并未完全保留原貌。现在民家

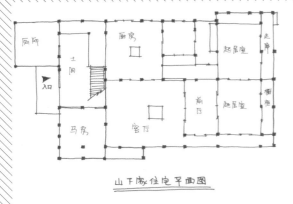

山下家住宅平面图

内部脱鞋的地方和土间形成的空间被称为"ウスナワ",设置有厨房和马屋(山下家曾经饲养过两匹马,是以前军马的配种马,也作装载货物运输使用)。二、三层是养蚕的作业场,也作为喂马的干草和稻草的储存场所使用。

○ 山下家是农家。由于日照时间短、水温较低和沙石层等不利因素,耕作环境非常恶劣,所以当地使用古时流传下来的一种烧田农业耕作方式——先割草,干燥两三个星期后用火把草烧掉。1950年之前,这里基本都以种植谷子为主。养蚕也是从古时沿传下来的农作业,但1948年之后,由于受到国外输入品的影响,养蚕业渐渐荒废。这个时候山下家开始种植林业,把山上的山桑砍掉改种植杉树。

旧佐佐木家住宅

○ 佐佐木家住宅建于1731年,现为日本国家指定文化财产。旧址在长野县南佐久郡佐久穗町,属于千曲川沿岸的名主住宅。此民家位于信州长野县东部的八千穗村内,地处面向千曲川的丘陵地带,是信州典型的"兜造"民家,也称为"寄栋造",即中国的"半悬山"建筑样式。

○ 上面介绍过的4栋合掌造民家都移筑于日本为数不多的豪雪地区"越后",只有佐佐木家住宅移筑于"信浓"地区。由于地域条件存在极大差异,不难看出佐佐木家住宅和豪雪地带民家的特征区别。其中最明显的就是,佐佐木家的屋顶没有合掌造民家屋顶那种程度的倾斜,因为所在地降雪量少,屋顶相对比较平缓。而建筑内部的梁与柱的建筑用材也都相对较细,这与地处少地震地带也有很大的关系。

○ 高大的屋檐、长而大的建筑造型,是佐佐木家住宅的特征。为了在中间二层设置窗户,屋顶的东端设计成为兜造建筑样式。

○ 根据文献记载,佐佐木家住宅建于享保十六年(1731年)。宽保三年(1743年)由于千曲川水灾泛滥,被迫移筑。延享四年(1747年)座敷增建,现在西侧的两个房间就是当时增建部分,同时也增加了供客人使用的场所和浴室。

○ 佐佐木家世代都是富农,在当地社会地位和声望极高,相传拥有的田地难于丈量。从事农业之外,佐佐木家同时还经营许多事业,江户时代曾经做过食料和衣物类的买卖,幕府末期又开始了染织业。昭和初期,佐佐木家曾有多达十几口人一起生活。三世同堂,染织业、农作业等相互交替作业。昭和四十年(1965年),事业得到前所未有的扩张。更有趣的是,江户时期至大正时期,佐佐木家曾在自家的土间二层部分开办私塾。

○ 佐佐木家每天的工作都十分繁忙,特别是女性,没有过多的空闲时间,夜间还得进行针线编织的工作。佐佐木家虽然是富农,但生活十分简朴,不经常食用鱼和肉,而且几乎每天都穿同样的衣服。

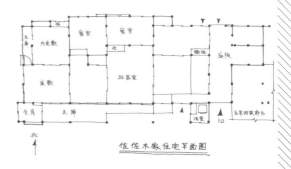

佐佐木家住宅平面图

赵齐 / text 赵齐、瞿艳春、JUNE LAU / photo

[Feature]

飞騨山间的伊吕波歌

白川乡的30个关键词

位于日本东部、名古屋市以北的岐阜县境内山脉横亘，林木茂密。在岐阜县与北部的富山、石川两县交界处附近的飞騨山间，静静隐藏着一个小巧却举世闻名的村落——白川乡。这个宁静的小山村是日本继著名的法隆寺、姬路城和古都京都后第4个被UNESCO认可的世界文化遗产。而使它获得这项殊荣的，正是村中一栋栋奇特的合掌式建筑和由它们所构成的独特村落景观。

白川乡合掌式民居的特色和村落的历史包含着种种有趣的故事，在此，本文选取其中30个关键词，按照伊吕波歌的顺序介绍给各位读者。下面就请和着伊吕波的节奏，静心聆听由飞騨深山中传出的婉转歌声。

い 囲炉裏（いろり）
i irori 地炉

○ 在寒冷的岐阜山间，地炉是冬季不可缺少的设施，每栋合掌式民居都在一层设有地炉，除取暖外，还可蒸煮食物和照明。地炉周围是过去家族围坐生活的主要空间，每个成员所坐的位置都有严格规定。在村内开放参观的和田家（わ）中可以看到，从入口处进入后，右边地板上有一个4叠半空间，中间半叠处空出下面的土地，摆放地炉和炭火。在村中餐馆更可围着烤热的地炉吃饭、饮酒，在大雪漫天的冬季是十分惬意的享受。

は 八幡神社（はちまんじんじゃ）
ha hachimanjinjya 八幡神社

○ 八幡神社位于白川乡村落中部，是村落的土地神所在地。相传神社始建于8世纪初的和铜年间，现由石制鸟居、社殿和社殿后方的仓库组成，社殿中供奉应神天皇。每年村中的浊酒祭（と）在此举行，也是游戏《寒蝉鸣泣之时》（ひ）中神社的原型。

に 日本三霊山（にほんさんれいざん）
ni nihonsanreizan 日本三灵山

○ 白川乡西南部紧邻的白山与富士山、御岳山并称日本三灵山，海拔超过2,700米，是日本古来山岳信仰中白山信仰的源头，白山神社遍布日本各地。白山不仅为白川乡村民提供生活资源，也为这个山下的小村庄裹上一层神秘的色彩。每年6月中旬是白山的开山日，这一天村民会穿着传统特色服装，奏乐跳舞庆祝。

ほ 保存財団（ほぞんざいだん）
ho hozonzaidan 保护财团

○ 除日本政府的支援外，"世界遗产白川乡合掌式建筑集落保护财团"是白川乡保护事业资金的重要来源，由荻町村落自然环境保护会（お）主导成立。白川乡在1975年被日本政府评为"重要传统建造物群保存地区"后，于1988年第一次对外募集捐款，保护财团即在此基础上成立。

へ 平家落人伝説（へいけのおちうどでんせつ）
he heikenoochiudodensetsu 平家落人传说

○ 相传平安时代末期的源平合战中，战败的平家成员携下属逃往日本各地的偏僻地区隐居起来，称为"平家落人传说"。日本境内有六七十处流传着平家落人的传说，白川乡也是其中一处。对于这一传说的真实性，由于可供考证的史料实在太少，学者们莫衷一是。

と　濁酒祭り（どぶろくまつり）
to doburokumatsuri　浊酒祭

○ 白川乡历史最为悠久的祭祀活动就是每年10月中旬举办的"浊酒祭"。这个祭祀的历史可以追溯到1,300年前的和铜年间。白川乡浊酒采用传统技法酿造：在白雪纷飞的1月下旬，用白川乡自产的稻米酿制出浊酒，然后不滤去醪糟，直接封存在村落中心的八幡神社（は）酒窖内，直到同年10月中旬祭祀的日子才取出来，供奉给神灵。仪式从当日上午一直持续到祭祀日的下午3点，结束之后，村中的主妇们将酒从敬神用的大酒杯移到铜质酒杯中，为一同参拜的每个人斟上一杯。据说，向神社献上400日元就能得到一个盛酒的"朱杯"，凭它可以在祭祀的前一天和当天无限畅饮浊酒。

る　ルール
ru ru-ru　守则

○ 白川乡在1995年被评为世界文化遗产之后，游客数量在短时间内成倍增长，给村落景观的保护带来了极为不利的影响。为了尽力保持白川乡静谧的美景，村民们向游客提出了6条守则，包括"禁止带入和乱扔垃圾""禁止在指定场所外使用明火""保护自然""禁止进入私人属地""使用公共厕所""禁止野营"。不难想象，在守则颁布之前，游客曾给村民带来极大困扰。

很多合掌式民居现在被利用作民宿，内部还大体保留着过去的样子

わ　和田家（わだけ）
wa wadake　和田家住宅

○ 白川乡最大的合掌式建筑和田家住宅是日本国家级重要文化遗产，室内一层和屋顶下部空间都对外开放参观。和田家是江户末期村里的豪族，靠贩卖硝石发家。当时一栋房子里需容纳大家族中的20多人，因此房屋建得很大，平面尺寸桁行22.3米、梁间12.8米，仅一层建筑面积就将近300平方米，换到现今，相当于一栋小别墅。与其他合掌式住宅相比，和田家的特殊之处在于高度——包括屋顶在内一共有三层，一、二层之间还有一个夹层。此外，屋顶也比村内其他建筑坡度缓，还在室内一层设有会客区域。

从瞭望台上俯瞰全村（春）

か　合掌造り（がっしょうづくり）
ka gassyodukuri　合掌式建筑

○ 所谓"合掌"，据说是因为建筑内部结构由顺着坡屋顶斜度的人字形梁架构成，很像人双手手掌相合的形状。在申请世界文化遗产时，日本官方对合掌式建筑下的定义是：为了利用屋顶内部空间而采用叉手结构，屋顶为茅草苫硬山式的房屋。由于飞鸟时代（公元5~7世纪）曾受中国建筑的影响，日本传统建筑的坡屋顶结构一般是这样的：在横平竖直的梁架上利用梁的逐步退后形成坡度，再在上面覆盖斜向的椽子以支撑屋顶。白川乡的合掌式建筑则是由三角形  的梁架直接构成屋顶的整体结构，梁的受力比前者更为合理。

た　田植え祭り（たうえまつり）
ta tauematsuri　耕田祭

○ 白川乡传统的种植作物是水稻、稗子和谷子等。现在，为了发展旅游业，村落建起大量服务性设施，因此只能在村落四周看到小部分水稻田。每年5月底，村里会举办"耕田祭"，以还原往日众人热烈耕种的景象。当天，作早乙女（さ）打扮的女性们在以合掌式民居为背景的稻田里一字排开，一边唱着耕田的民歌，一边一齐弯腰劳作。

つ つらら
tsu tsurara 冰挂

○ 在白川乡气温最低的1、2月份，积雪融化时会在合掌式建筑（か）的茅草苫屋檐下形成串串冰挂。

2012年11月第一场雪后的白川乡

ね ねそ
ne neso 金缕梅嫩枝

○ 绳文时代因为稻作尚未普及，还未出现麻绳（な）。当时人们曾使用日本常见的一种灌木——金缕梅的嫩枝来捆绑木制构件，这种历史悠久的做法在合掌式建筑（か）的屋顶结构中也能见到。

深秋里的八幡神社鸟居，树枝间渗下的阳光给它平添了一分神圣

な 縄（なわ）
na nawa 麻绳

○ 在合掌式建筑（か）的屋顶结构中，构件的连接都使用粗壮的麻绳捆绑，绳结别有一番奥妙，完全看不到木钉的存在。在长期使用麻绳进行建筑构件连接的过程中，合掌式民居的工匠们发展出一套复杂的结绳技巧。绳子开端和末尾如何结死，不同方向的材料之间如何固定，以及合掌材和合掌梁的联结、合掌材和其他构件的联结等重要节点的做法，都有详细的工艺规范，代代传承。

ら ライトアップ
ra raitoappu 点灯

○ 每年1~2月期间，白川乡观光协会会举办7次左右的夜间点灯活动。在纷飞的夜雪中，和田家（わ）、明善寺及其他主要的合掌式民居会在室内外点起白灯，与皑皑白雪相映生辉。

う 「売らない、貸さない、壊さない」（うらない）
u uranai、kasanai、kowasanai "不卖、不租、不破坏"

○ 荻町村落自然环境保护会（お）是白川乡最早的村民自发保护组织，提出"不卖、不租、不破坏"的宗旨，保护日渐消失的合掌式建筑（か）。

お 荻町集落の自然環境を守る会（おぎまちしゅうらくのしぜんかんきょうをまもるかい）
o ogimachisyurakunoshizenkankyooomamorukai 荻町村落自然环境保护会

○ 白川乡村落现在之所以能以如此完好的形态呈现在人们面前，荻町村落自然环境保护会功不可没。"二战"后，日本社会发生产业衰退的现象，不少农村人口都流向城市，白川乡也不例外。村民的外迁致使部分合掌式民居无人居住，并逐渐腐朽破败。同一时期，白川乡所在庄川流域上的水坝建设更使得村内4个集落被水淹没。20世纪40年代中期，白川乡的合掌式建筑（か）超过300栋，但在其后20年间其数量几至减半。村落已不复往日景象，于是白川乡村民在1971年成立了"荻町村落自然环境保护会"，先于政府自发开展了村落保护运动。保护会的活动与民家园（み）和保护财团（ほ）的成立均密切相关。

く 組（くい）
ku kui 组

○ 为保护村中现存的合掌式民居，村民每隔三四十年即需对其进行一次大幅度的结构修缮和茅草苫更换，而茅草苫的补修则是每年的例行活动。这一工程十分浩大，历史上均由称为"组"的村民组织担任，多选择农活还不忙碌的春天进行。更换茅草苫时，三四十人站在巨大的屋顶上，一部分人负责传递茅杆，另一部分人负责将成束的茅杆插入屋顶。然而，随着近年来村民人口结构的变化和非合掌式建筑的增加，这一村民组织逐渐难以维持，修理时往往需要外来专业人士或志愿者的支援。此外，在白川乡被评为世界遗产之后，组也负责每日三次的"小心火烛"巡视活动。

20

劳作的村民

や 屋根（やね）
ya yane 屋顶

○ 合掌式建筑（か）的屋顶结构是这样的：斜向排列的粗大圆木"合掌材"两两成对，在屋顶最高点相交，形成一排等腰三角形；然后，长短不一的木条在屋顶斜面内侧连接各根合掌材以加固其结构，粗的木条称为"大羽交"（オオハガイ），细一些的则称"小羽交"（コハガイ）；合掌材外侧由水平方向的"屋中"（ヤナカ）连接，并覆盖以粗糙而密实的苇箔；再向外就是最后一层——根根插紧的厚实茅草苫了；在由合掌材构成的三角形中下部，水平方向的"合掌梁"从内部向两侧顶住合掌材，端头用麻绳绞紧，承托顶层地板的重量。

ふ ブルーノ・タウト
hu buru-no・tauto 布鲁诺・陶特

○ 陶特是包豪斯派现代主义的发起人和推行者之一，然而不为人们所知的是，这位德国建筑师和白川乡还有一段渊源。1933年，陶特为了躲避战乱来到日本，参观了桂离宫后，他从现代主义所宣扬的功能性和构成美上盛赞了这栋日本最具代表性的传统建

筑，令日本文化界大为震撼，称他为"桂离宫的发现者"。1935年，陶特参观了白川乡，并在演讲和著书中表示，白川乡民居的建筑结构之合理乃全日本独一无二。当时，白川乡并不为人重视，学术界也没有深入研究，陶特的高度评价震撼了当时才刚刚起步的民居建筑学界，并在60年后日本政府为白川乡申请世界文化遗产时被引作重要依据。

こ 蚕飼い（こがい）
ko kogai 养蚕

○ 除耕田之外，养蚕也是白川乡地区的传统产业。合掌式建筑（か）的屋顶空间非常适于养蚕，既宽敞又通风，还解决了单间蚕屋会占去山间有限耕地的问题。现在这一产业虽已不再继续，但每年2月上旬，白川乡村里都会举办"养蚕祭"（蚕飼い祭り）。

え 江戸時代（えどじだい）
e edojidai 江户时代

○ 江户时代是白川乡产业最为繁盛的时期，根据学者推测，也是合掌式建筑（か）结构成型的阶段。虽然现在村中合掌式民居的数量已大为减少，产业构成也逐渐以旅游业为主，导致村落景象发生了很大的变化。然而，从村中举办的各项祭祀活动中，游客仍能窥见往日白川乡风俗的影子。

て 展望台（てんぼうだい）
te tenbodai 瞭望台

○ "城山天守阁瞭望台"位于白川乡村落北部的山坡上，可以俯瞰沿山间庄川流向（南北向）排布的村落全景，以及四周绵延不断的白山山脉。

さ 早乙女（さおとめ）
sa saotome 早乙女

○ 早乙女指作传统耕作打扮的女子，她们戴着草帽、背着竹筐、穿着蓝底

村内最大的寺庙明善寺

用厚实的茅草苫抵挡东西向的寒风；夏季则可以打开山面的窗户，引入南北向的山谷风除去屋内暑热。

ゆ 湯気（ゆげ）
yu yuge 蒸气

○ 秋季早晨，合掌式建筑（か）的屋顶上会升起白色蒸气，像一道道袅袅白烟飘散在山间。这是夜间的霜打湿了茅草苫，又经早上太阳照射后蒸发形成的。

蒸气

み 民家園（みんかえん）
mi minkaen 民家园

○ "野外博物馆·合掌式民家园"位于村落西侧，园内共有25栋合掌式民居，包括住宅、仓库、神社、水车小屋等各种功能的建筑，其中有9栋为岐阜县的县级文化遗产。这些建筑不仅对外开放，还在室内进行白川乡民间生活和老照片的展示，是考察白川乡的必去景点。1971年，荻町村落自然环境保护会（お）成立，同年内完成了村内10栋合掌式建筑（か）向庄川左岸的集中迁建，并称之为"白川乡合掌村"，即现今合掌式民家园的前身。

碎花的外褂。在耕田祭（た）时，女性以这种装扮在水田中劳动。白川乡村民还将作早乙女装束的人偶作为当地的吉祥物。

き 気候（きこう）
ki kikou 气候

○ 合掌式建筑（か）之所以成为白川乡的典型建筑，是有充分的气候原因的。从外观上看，白川乡合掌式民居的坡屋顶斜度以60度为主，在冬季大量降雪的山间，这种斜度十分利于屋顶排雪。从朝向上看，其建筑几乎都将山面建为南北方向，形成井然有序的风景，这也是出于适应气候的考虑：冬季可以让屋面充分接受阳光照射，有利于化雪和干燥，并利

し 浄土真宗（じょうどしんしゅう）
shi jyodoshinsyu 净土真宗信仰

○ 白川乡是日本境内净土真宗信仰的重要地区之一。战国时代，白川乡所在的飞騨国所主张的净土真宗信仰势力增长，在14~15世纪之间，以白川乡地区为中心建立了不少净土寺庙。相传在室町时代末期（16世纪），村民都皈依了这种信仰。净土真宗信仰和平家落人传说（へ）都使深山中的白川乡越发神秘化，以致明治、大正年间的相关研究多停留在对秘境的描述上，直到昭和年间才进行有价值的建筑考察和村落考察。

ひ ひぐらしのなく頃に
hi higurashinonakugoroni 寒蝉鸣泣之时

○《寒蝉鸣泣之时》（ひぐらしのなく頃に）是于2002年发行的著名同人游戏，之后陆续出版了动画、漫画和电影。据说作品取景即是在白川乡地区，其中的神社、合掌式民居和水坝都能在当地找到实物。因此，不少《寒蝉鸣泣之时》的粉丝潜入深山，到白川乡进行圣地巡礼，将游戏人物画在绘马上，并挂在八幡神社（は）内。

寒蝉鸣泣时

明善寺正殿。茅草苫顶上雪初融，落在石板上滴答作响

せ 世界遺産（せかいいさん）
se sekaiisan 世界遗产

○ 在日本政府的主导、以布鲁诺·陶特（ふ）为首的建筑学术界的重视，以及荻町村落自然环境保护会（お）所代表的村民的共同努力下，1995年，白川乡与北部富山县的"五个山"（五箇山）村落一同被评为世界文化遗产，定名为"白川乡·五个山合掌式建筑村落"。现在，多达60栋的合掌式民居完好保存在南北约1,500米、东西约350米的白川乡核心地区内，其面积占世界遗产登录面积的三分之二。遗憾的是，世界遗产的荣誉导致观光客激增，白川乡原本宁静的生活受到了极大的冲击。如何更好地保护当地独特的建筑形式和村落景观，是政府、研究者、村民所密切关注的，也是每位游人应该切身思考的。

す 煤（すす）

su susu 煤

○ 因地炉长年烧煤，多数屋顶的合掌材和麻绳构件都被烟熏黑。例如，和田家（わ）的合掌材已经变成焦黑色，麻绳（な）也泛黄，透出一股粗悍而朴实的美感。烧煤产生的烟熏可以使木材防虫防腐，还能除去屋顶内部的湿气，这对合掌式建筑（か）来说是不可或缺的。

冰冷的白雪和温暖的灯光开始交织出柔美的景色

深秋第一场雪后，专业人员在抓紧做茅草苫屋顶的修缮，以备过冬

[Feature]

是"老房子"博物馆，还是未来村？

关于江户东京建物园

田园调布之家的客厅，这是一个为幸福而设计的空间

江户东京建物园[1]是江户东京博物馆的一座分馆，简单来说，江户东京建物园实际上是一座博物馆，园内展示的都是一些上了年纪的"房子"和"建筑"。笔者之所以同时使用"房子"与"建筑"这两个极为相近的词汇，是因为江户东京建物园中的所有建造物并不能用"建筑"一词表示和涵盖。

注：1.地址：东京都小金井市樱町 3-7-1。为了回顾东京历史，并且为了抢救因火灾、水灾、地震、战争而即将消失的古建造物，东京都于 1993 年建立了江户东京建物园。

两面采光的实现，令田园调布之家的书房分外明亮

田园调布之家的外围种植紫色的绣球花，搭配浅黄色的墙面，充满欧式田园风情

田园调布之家温馨、安静的餐厅

○ 随着西方文化冲击东方世界，许多陌生的概念、思想闯入了东方人的大脑。1872年，日本首先译出了"美术"一词，从此一个新学科进入了东方视野。1876年，日本学人开始使用"雕刻"一词。1882年，相继出现于日本的"绘画"也令一直以来流行于亚洲的"书画"概念逐渐被西方新来的"绘画"概念取代。

○ 到了1897年日本翻译出"建筑"一词时，西方主流的三个美术概念"绘画"、"雕刻"、"建筑"完全被介绍到了东方世界。"建筑"一词的出现，象征着西方建筑的概念正式入驻日本，至此日本的建筑开始发生重大的转型。民居住宅便是一个重要的侧面。而江户东京建物园便是了解这样一个时代转型和当时日本最尖端住宅典范的实物教材。

○ 从"江户东京建物园"的名称中，我们也不难推测其中住宅建筑的时间跨度。众所周知，"江户"本是日本首都"东京"的旧称，东京地区从1603年到1868年明治维新时期被称为江户。从江户到东京即代表着日本历史从近世转入近代。"江户东京建物园"这座老房子博物馆的时间跨度基本是从江户时代到第二次世界大战结束。建物园格外重视生活气息，因所保留的老房子基本都属民居住宅，尽量保留、还原了当时的家具家电，故而园内具有一种极强的真实感。可以说，江户东京建物园成功模拟了近代的东京风貌。

○ 笔者认为探访江户东京建物园，对于比较当今的日本民居住宅，同时包括当今中国的民居住宅在内，具有极强的重要参考意义。本文将重点介绍近代几位日本重要建筑家的住宅。

田园调布之家（大川旧居）

原址	大田区田园调布四丁目
设计	三井道男[2]
建筑时间	1925年
构造规模	木造一层

○ 大川旧居位于田园都市株式会社（涉泽荣一设立）开发的住宅区田园调布，是日本大正时代（1912～1926年）理想住宅的代表。这所住宅不同于日本近代建立起来的和室、洋室结合的两栖住宅样式，整体实现了全洋风。这也显示出日本大正时代的风尚，比起和洋折中的观念，全盘西化似乎更为人们所喜爱。

○ 住宅空间以客厅为中心。不同于用过道将客厅与卧室分开的布局，田园调布之家的客厅是敞开式的，相邻房间之间没有狭长的过道，而采用直接连接的方式，不强调分割会客与私密空间。曾有学建筑的朋友说过，建筑具有改变居住者行为的功能。家人关系的和谐是田园调布之家建造之初所考虑的一个重要方面，也因此客厅成为中心，并且是最容易到达的房间。

○ 另外，各个房间通过雁行结构的设计，实现了全部房间两面采光的可能。整个住宅内部充满阳光。相信曾经住在里面的人定然家庭和睦、其乐融融。

注：2. 三井道男，1915 年毕业于早稻田大学建筑学科，后进入建筑家冈田信一郎的事务所，成为主要设计师。代表作品有 1925 年的歌舞伎座、1934 年的明治生命馆等。

前川国男旧居 木造的外观令人难以想象房子内部其实是纯洋式的

前川国男旧居的家具

原址	品川区上大崎三丁目
设计	前川国男建筑事务所
建筑时间	1942 年
构造规模	木造二层

前川国男旧居，阳光透过木质的窗棂洒进屋内

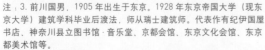
前川国男旧居客厅的纵向空间一直延伸到二楼

注：3. 前川国男，1905 年出生于东京。1928 年东京帝国大学（现东京大学）建筑学科毕业后渡法，师从瑞士建筑师。代表作有纪伊国屋书店、神奈川县立图书馆·音乐堂、京都会馆、东京文化会馆、东京都美术馆等。
4. 日本的神社建筑样式之一。

前川国男旧居

○ 前川国男[3]是日本近代建筑史上极为重要的建筑师。其旧居为木造，使这所住宅成为了战时实行《木造建物建筑统制规则》的严格管理下少有的名作。南面为住宅正面，可以领略其对称结构的安定和优雅。结合中间令人联想到伊势神宫栋持柱的圆柱。笔者认为前川国男旧居的外部结构，可能借鉴了日本传统的神社建造结构——神明造[4]。总体来说，前川国男旧居的外部继承传统构造，呈现强烈的和风特点。

○ 但步入旧居内部，则别有一副欧风做派。开放的客厅空间，充满令人感到目眩的现代气息。将二层一半以上的面积打开，客厅的上方可以一直延伸到屋顶，最大限度保障了房间的垂直高度。超大落地木格子窗给房间整体带来充足的光源，更增加了空间的开阔特征。木格窗的影子同时为空间增添了趣味性。建筑者有意追求充裕的垂直空间。这一点在其建筑的纪伊国屋书店中也可以见到。据说，土浦龟城在昭和10年（1935年）设计的自家住宅也曾受其影响。

○ 概观现今日本住宅，在机能主义的影响下，实用性是第一位的。最大限度利用和发挥空间的意识，使日本住宅"麻雀虽小，五脏俱全"。看似精简实用的住宅，却缺少空间上的留白。久居下来，居住者的空间意识和心理状态都值得研究和玩味。日本的建筑研究者松本真理也曾经指出：自己怀念过去住宅里充裕的纵向空间。

小出旧居，从玄关看到的卧室

小出旧居的厨房布局

德国建筑家洋馆的外观

小出旧居的阁楼

德国建筑家洋馆的客厅

小出旧居

原址	文京区西片二丁目	
设计	堀口舍己[5]	
建筑时间	1925 年	
构造规模	木造二层	

○ 如果说前川国男旧居是"外和内洋"，那么小出旧居则可以说是"外洋内和"。住宅屋顶为大金字塔形，房檐的水平线利落地分割了这一金字塔结构。据说这样独特的外部造型受到了当时荷兰建筑的影响。这样简洁的分割线条还垂直和水平地分布在小出旧居的内部。

○ 房间内部用色大胆，在当今日本人看来略显浓重的用色，成为小出旧居的基调。客厅的沙发座椅均使用抢眼的大红色。二层房间虽然大多数为铺有榻榻米的和室，但是颜色也没有使用日本人偏好的低调色系，而是使用了略微明亮的水蓝色和抹茶色。

○ 另外，从大量使用线条切割和明丽大胆的色彩来看，小出旧居受荷兰风格派运动的影响就更为明晰可见了。这一点从卧室的壁橱设计也可以看出来。看似普通的壁橱，实则进行了艺术性地分割设计，令人联想到荷兰风格派运动的旗手蒙德里安的作品。

小出旧居的客厅

注：5. 堀口舍己，生于 1895 年，岐阜人。1920 年东京帝国大学（现东京大学）建筑学科毕业，并发起近代建筑运动，成立"分离派建筑会"。

同时，堀口为了追求日本本国建筑的独特性，对水泥和木材并用的建筑物进行了自己的研究，同时也研究日本的传统茶室。

图中的看板建筑也被宫崎骏借鉴到《千与千寻》的场景设计中

○ 漫步江户东京建物园总会被园内强烈的时代氛围、略带梦幻色彩的街景所吸引。想必这要归功于这些个性特征强烈的住宅外观了。江户东京建物园中的这些住宅，因此具有历史和人文的温度。

《千与千寻》中钱汤的原型建筑

三省堂文具店外部景观，这座建筑也出现在《千与千寻》动画场景里

○ 另一方面，正如上文提及的那样，无论是日本还是中国的当代住宅，都有着向功能主义和极简主义致敬般的标准化趋势。笔者认为标准化的住宅极为便利，当然居住也舒适。这样的居住模式，符合当今"有效率"的高速生活节奏，似乎有同麦当劳快餐文化无尽的相似之处。生活在当今这个互联网文化发达、信息爆炸的光怪陆离的时代，我们似乎永远无法读懂那些身边的人。但是，我们却吃着一样的食物，住在相同空间的住宅。在心灵距离不断被拉大的现代社会，行为模式却又被迫贴近。以至于，那些周围的人离我们那么近，但却令人感到那么远。

○ 记得托马斯·库恩曾在其《科学革命的结构》一书中指出：自然科学的发展除了按常规科学一点一滴地积累之外，还必然要出现"科学革命"。科学

《千与千寻》中钱汤的原型建筑

《千与千寻》中电车借鉴的实景原型

《千与千寻》中电车借鉴的实景原型

革命不仅仅使科学的面貌焕然一新，而且还会引起人们世界观的变革。简单来说，我们并非生活在进化发展中，而是生活在从一个"范式"到另一个"范式"不断转换的世界。这样来看，历史便不是过去了，它是与未来先后并存的一个"范式"而已。

○ 那么江户东京建物园里的建筑承载的也许不是历史，而是改变当今住宅局面的契机。随着人口的负增长，这里的住宅也许在未来的某一天，重新成为主流。相信"住宅的个性化"会随着经济的发展、建筑人才的完备和建筑事务所的体系化成为可能。

○ 据说，著名动画导演宫崎骏曾经对这里的看板建筑着迷，每天来这里画速写。《千与千寻》里面多个场景都借鉴了这里的建筑。也许，宫崎骏把这里住宅的时间性和历史性排除，将这些建筑进行艺术加工，使之成为了虚幻世界的一部分。传统与前卫本是一体。相信当未来的建筑师们来到江户东京建

物园，看到的不再是明治维新令日本住宅的转型历史，而是日本住宅建筑的未来。

《千与千寻》中居酒屋的原型

畸变的小岛
被遗弃的家

凌晨 5 点的端岛外景

端岛，因为外形和日本战舰"土佐号"相似，又被称作"军舰岛"

　　1916年，日本第一座钢筋混凝土高层住宅大厦落成。这栋7层的大楼不在繁华的首都东

京，而是位于长崎西南海域的一座仅有6.3公顷的小岛上。这就是端岛（はしま，Hashima），

距离长崎市中心约19公里，东西长约160米，南北长约480米，曾经是全世界人口最稠密的

地方，现在荒无人烟，是世界上最著名的废墟遗址之一，俗称"军舰岛"。

岛不光彩的历史也备受争议。然而拥挤的环境、繁重的劳作加之严重的污染，外界的人们对端岛居民的生活状态也存有种种不乐观的揣测。而对于曾经生活在那里的人们，无论如何，这块狭小的、混凝土森林般的岛屿是他们生命的原点，承载着共同生活的回忆。

○ 不再是人们居住家园的端岛，渐渐因为奇特、诡谲的风景吸引了无数好奇的目光。岛上建筑苍凉的末世感让人仿佛置身于科幻小说中人类社会毁灭崩坏的未来。相比于"端岛"这个名字，它的另一个名字"军舰岛"变得更为人所熟知。

○ 2010年，因为在读关于日本废墟的书，法国人乔迪（Jordy Meow）第一次踏上军舰岛（端岛）："军舰岛是日本最受欢迎的

○ 端岛最初是因为煤矿资源吸引人们注意的。1887年开始便有人在此居住并采煤作业。1890年，为了开掘海底的煤矿，三菱公司购买了端岛并建起厂房和公寓，大量劳工开始在端岛聚集。1859年，端岛的人口密度达到每公顷835人。1962年的端岛异常拥挤，狭小的土地上有5,267人居住，人口密度是当时东京特别区的9倍。高层公寓鳞次栉比，商店、学校、医院、浴池等基础设施样样齐备。然而好景不长，随着石油资源的兴起，日本政府开始关闭全国各地的煤矿，端岛也随之凋敝，并在1974年4月被正式关闭。岛上的居民悉数迁出，留下空荡荡的住宅残骸和过往生活的痕迹，端岛成为被遗弃的孤城。

○ 三菱公司在2001年将端岛无偿转移给长崎市政府，随后便不断出现将端岛作为日本工业化进程的见证列入世界遗产的呼声。因为"二战"时期有战俘及从中国、韩国掳掠的劳工被强迫上岛，端

废墟，虽然那时候它在世界上还不出名。"不过他首次的探险是在凌晨秘密进行的，只有1个小时，因那时军舰岛不对外开放并严禁擅自闯入。2012年，乔迪终于借助日本朋友的关系疏通，在军舰岛待了一天一夜，拍摄了大量的照片。2013年，乔迪在元旦那天第三次拜访了军舰岛。

○ 作为工程师的乔迪，业余爱好是勘察日本的城市，对城市废墟深感兴趣，甚至制作了专门介绍日本废墟的网站（http://www.haikyo.org）。他对军舰岛从最初的猎奇探险转为对其历史的关注。乔迪告诉《知日》："我真的很想知道曾经生活在那里的人们的更多故事。……虽然对废墟的热情渐渐褪去，但我对军舰岛的兴趣却与日俱增。我想针对它发起一些新的项目，让它不止因为末日般的外观而闻名，而是让人们更多地了解其社会面貌。"

○ "如同所有贫弱地区的煤矿，在军舰岛，很多人的生命被工业机器压榨了。但任何地方都有着

拥挤的公寓中也有和室的风景

当年的居民在楼顶建造的屋顶花园，如今在霞光中依然郁郁葱葱

残酷的过去。我仍然相信那里同时也存在着美，就像当今世界上很多困难的地区一样。"现居在日本的乔迪认为军舰岛是历史的纪念物，提醒着人们过去的黑暗，好让这些悲剧不再发生，"今日的日本或许是世界上最平和友好的国家之一。只要我们铭记苦难，就不会重蹈覆辙。"

○ 乔迪几次深入军舰岛探访拍摄，也结识了那里的原住民。其中的几位老者在军舰岛部分开放后担当向导，并积极致力于军舰岛的申遗倡议。也正因为与他们接触交谈，乔迪想要挖掘军舰岛废墟之下的生活实景："对于出生和居住在那里的人们来说，这就是故乡。他们不想让这座岛被遗忘，因为这是他们的根。他们不喜欢'军舰岛'这个名字，他们叫它'端岛'。"

30号楼内景，建于1916年，
是日本第一座钢筋混凝土高层住宅大厦

牙医的卧室

大楼底层的理发馆

学校教室，墙上画着老虎

学校的体育馆

普通公寓住户的阳台，楼距非常近

interview & text 兼平雄树 / photo

[Feature]

同润会公寓
与兼平雄树

故去时代的留影

江户川公寓住户的房间

○ 1923年的关东大地震后，日本政府设立了最初的住宅供给机关——同润会。同润会以灾后复兴为目的，在各地建立了共16处集合住宅。这些集合住宅被叫作同润会公寓，它们均采用不燃的钢筋混凝土材料建造，内部配备有水、电、煤气和可冲式厕所等，在当时可谓是相当高端的配置。尽管RC造（钢筋混凝土造）集合住宅在关东大地震前就已经出现，但是从同润会公寓开始，集合住宅在日本才真正得到普及。

○ 由于年久失修，自1982年起各地的同润会公寓陆续被改建。至2013年最后一栋上野下同润会公寓解体为止，同润会公寓已经彻底从人们眼前消失了，但是同润会公寓作为日本近代集合住宅的先驱，在日本住宅文化和发展史上的价值是弥足珍贵的。

○ 摄影师兼平雄树在1992年开始摄影，最初的拍摄对象便是代官山同润会公寓。以1996年代官山同润会公寓解体为契机，兼平雄树开始了各处同润会公寓的拍摄。2000年，他搬进清砂大街同润会公寓，清砂大街公寓解体后又住进上野下同润会公寓。就这样，他用十年多时间，实地体验和拍摄了同润会公寓。

青山公寓外部

○ 知日　为什么会选择代官山同润会公寓作为最初的拍摄对象？

● 兼平　我在学生时代热衷于登山和自行车运动，那时想做户外和旅行相关的摄影工作。所以大学的时候远征喜马拉雅山和阿拉斯加州，毕业后也进入专门的摄影学校学习。第一堂研讨课的课题是"请拍摄你喜欢的东西"，但是需要立刻交出作业，因此没有时间去山里。我便开始考虑身边的事物，这时想到了代官山同润会公寓。这个课题启发我找到了自己的主题，至今我都觉得很感谢。

○ 知日　同润会公寓有什么魅力？为什么会对它产生兴趣呢？

● 兼平　代官山同润会公寓就在我的住所附近，"什么时候能住在那里"是我自儿时起就有的向往。虽然处于都市当中却是绿荫环绕，几栋建筑散布在一片倾斜地上，是个让人感觉十分愉悦的地方。现在想来，那种经历过岁月的建筑物仅有的风格和美好氛围，触动了"侘寂"[1]的美学意识的琴弦。并且从那种氛围中，似乎能感觉到它的设计里包含了"疑似乌托邦"的意图。同润会公寓是关东大地震后建设的复兴公寓，实现了耐震、不燃的性能，同时开启了钢筋混凝土造的新型都市居住形式，可以说是里程碑式的存在。它被视为团地和高级公寓的原型，其理由也正在于此。同润会公寓是80年前的建筑家们心目中"理想型集合住宅形式"的动态保存。

○ 知日　住进同润会公寓是为了拍摄吗？

● 兼平　完全是为了摄影。要自由地拍摄它四季的姿态，一天中早晨、傍晚、夜间的时间流逝，以及建筑的内部环境，不成为这里的居民恐怕很困难吧。

○ 知日　实际住进同润会公寓后感觉怎么样？有没有觉得住在老房子里很不方便？

● 兼平　住进憧憬已久的公寓自然很高兴，但同时也对原居民和外来者之间的隔阂有些担心。因为之前从外面来拍摄的时候，遭遇过居民们"光拍脏兮兮的地方"这样的骂声。比起这个问题，房屋设施和设计上的陈旧，自己总有办法克服。

○ 知日　您曾在清砂大街和上野下两所同润会公寓居住，请谈一谈它们各自的特点。

● 兼平　清砂大街公寓是一个大规模的住宅区，分为6个区域，共有16栋公寓、663户居民。毗邻小学和公园这样的地域核心设施，可以看出建设当初就考虑到以公寓为中心的街区规划。公寓的外观和内部设计都富含多样性，同润会在此投入了各种各样的规划。这里是受太平洋战争末期的东京大空袭损害最为严重的区域，后来的公寓是在烧毁的残骸上重建的。战后的住宅有大幅度的改建和增建，居民构成也发生很大的变化。渡过灾难并实现了重建之后，居民之间非常团结，这里的居民共同体直到最后都发挥着良好的作用。

与之相对，上野下公寓建在便利的都市中心地段，共2栋、76户，是小规模公寓。作为建筑主体的第四层向外突出，走廊两边排列着为单身人士设计的独身房间（现在所说的单身公寓形式

[1] 日本美学意识的一个概念，一般指朴素、寂静的含义。

的房间）。因为规模小、构成简单，所以在战争中幸免于难，保持着建设之初的良好状态。但是随着居民的高龄化，居民共同体比较弱势，同时也因为规模小，改建的意见很难达成一致，于是成了留到最后的同润会公寓。（注：上野下公寓直到2013年6月才开始解体工程，是最后一处改建的同润会公寓。）

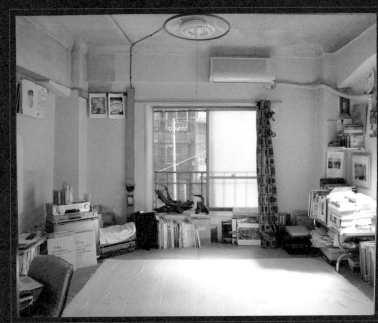

○ 知日　在拍摄住宅时有没有遭到居民们的反对？除了拍摄自己的房间，也会拍摄其他居民的房间吗？

● 兼平　拍摄集合住宅时遇到的最大的问题，就是和其他居住者之间的关系。还有些人本来就对摄影很反感。清砂大街公寓的居民自

治活动很繁盛，我积极参与了公共区域打扫、体力劳动等工作，也充当过灾害协助的队员，因此很多人对我脸熟，给我不错的评价，也让我进入他们的屋内拍摄。相反，在上野下公寓就很辛苦。居民之间的联结很弱，改建的问题也对人际关系产生了不良影响。即使居住在那里，也会在拍摄中被指责，真是很艰难。但我还是努力争取，最后一共进入了50户以上同润会公寓的室内进行拍摄。

○ 知日　您拍摄集合住宅几乎都用胶片相机，为什么不用数码相机呢？

● 兼平　同润会公寓的照片基本都是用胶片拍摄的。我觉得要表现那些经历过漫长岁月的公寓的氛围，胶片那种稍稍厚重的、沉稳的色调更加合适。数码相机在最后也有使用，但是用于展示和刊登的照片还是胶片的居多。

○ 知日　您作为摄影师参加了同润会建筑的记录保存活动，在这个过程中有什么收获和感想？

● 兼平　参加记录保存活动最

大的好处，就是能在建筑解体前这样珍贵的时机对建筑的各个角落进行拍摄。拍摄生活气息尚未退去的房间和公共区域，记录解体的经过，还能看到连公寓本身的居民都没有见过的部分，以及目睹建筑最后的那一瞬间。另外，跟日本的集合住宅研究者的代表们一同工作，他们解读设计的姿态让我很受激励，同

时也觉得很羡慕。这项工作也可以说是面向造就了同润会公寓的"建筑家们的良心"的研究。

○ 知日　到今年为止，同润会公寓已经全部拆除了。作为专门拍摄同润会公寓的摄影师，您是怎样的心情？

● 兼平　我还没有完全整理好情绪，心情非常复杂。对于当事人来说，公寓的改建是夙愿，也是希望。我也因为实际居住过，对建筑的设计思想和居民共同体的"老去"都深有体会。但是另一方面，我觉得如果"日本的文化状况"能够更加成熟的话，应该至少在某处保留一栋同润会公寓。可以说传达同润会公寓魅力的活动已经到了尾声，作为其中的一员，我的内心留有一些遗憾。

○ 知日　您现在还住在有历史感的集合住宅里吗？

● 兼平　居住于集合住宅的感受，最终还是取决于与其他居民之间的关系。在老公寓居住的经验让我体会到这一点，同时也让我了解到在老房子里居住的辛苦。所以，我现在住在住户较少的普通公寓里。

川，所以开始了这个系列的拍摄。从这个意义上来说，危机有的时候也是一个契机。

◎ **知日**　**您有什么想法想要向中国的读者传达吗？**

● **兼平**　我一直只追求和拍摄自己真正喜欢的东西。在记录身边那些无法被替代的事物的过程中，相机这项技术帮了很大的忙。听说中国正在发生的变化比日本还要剧烈，所以也请各位去记录中国的日常吧。这可能会成为你人生中贵重的宝物。

◎ 在同润会公寓已经完全消失的今天，兼平先生的这些照片成了我们近距离接触过往的难得的资料。他的照片和讲述里面饱含着一种令人感动的热情。兼平先生说："我希望能为两个国家的人们更好地相互理解多少出一点力。我是带着这样的想法挑选照片的。"这些带着怀旧气息甚至淡淡愁绪的照片，确实让我们看到了更真实的日本。

◎ **知日**　**您还在继续拍摄集合住宅吗？最近在进行怎样的摄影活动？**

● **兼平**　目前在准备上野下等住宅照片的发表，并没有新的集合住宅拍摄活动。预定举办的影展有三个，同时也要出版影集，希望用有厚度的影集的形式将资料留给后世。

现在正在进行的拍摄活动是"荒川流域自行车纪行"。家父的去世，加上公寓的人际关系问题让我很消沉，作为逃避现实的一条途径，我开始骑自行车在荒川奔驰。随着骑行距离的增加，身心都变得健康的同时，司空见惯的河岸风景也渐渐变得熠熠生辉起来。我想要记录帮助了我的荒

清砂大街公寓的增建、改建是逐层进行的　　清砂大街公寓的夜景　　清砂大街公寓雪天的夜景

清砂大街公寓解体　　清砂大街公寓住户的房间　　清砂大街公寓破例饲养的家猫

清砂大街公寓住户的厨房　　清砂大街公寓住户的厨房　　清砂大街公寓的屋顶

上野下公寓一位设计师的房间　　　　　　上野下公寓住户的房间　　　　　　　上野下公寓住户的房间

上野下公寓的中庭和公共水井　　　　　　上野下公寓外观　　　　　　　　　　上野下公寓的中庭和银杏树

上野下公寓夏日的窗边　　　　　　　　　从上野下公寓室内看到的红叶风景　　　上野下公寓夜景

上野下公寓傍晚的楼梯间　　　　　　　　上野下公寓的楼梯间　　　　　　　　　大家女子公寓的楼梯间

[Feature]

团地"空气感"的
生活日常

○ 像"团地"这样拥有诸多爱好者的集合住宅，不止在日本，在世界范围内也并不多见。

○ 太平洋战争之后，日本出现了严重的住宅紧缺现象。1955 年日本政府成立"日本住宅公团"，在全国各地大规模建设集合住宅，作为公民的房屋供给。这些由公团建设的"公团住宅"也被称作"团地"。

○ 团地的住宅建设采用了名为"51C型"的标准房间布局，即具有两间寝室和一间厨房兼餐厅的两居室。除此之外，团地还具备独立的浴室，并设有木制浴盆，加上餐桌等西洋风格的家具，团地的近现代生活方式被很多人所向往。当时，入住团地的居民大多是大型企业的管理人员、技术人员等白领阶层，受教育程度颇高，这些人被称为"团地族"。

团地的道路

市营古市场团地 千叶县千叶市

公团荻洼团地 东京都杉并区

公团滨见平团地 神奈川县茅崎市

公团善行团地 神奈川县藤泽市

团地的供水塔

公社森野住宅 东京都町田市

公团牟礼团地 东京都三鹰市

都营高砂团地 东京都葛饰区

公社多摩川住宅 东京都调布市

○ 如此解释起来，团地似乎给人一种严肃的历史感。但实际上，团地在很多人眼里是有浓厚生活情趣的地方。由于统一规划，团地的公共区域绿化相当好，且公共设施配备齐全，例如公园、运动场、商店等等。所以，虽然团地的景观会稍有陈旧，但整体氛围非常和谐。大约也因如此，团地有相当庞大的一群爱好者。

团地的告示牌

公团牟礼团地 东京都三鹰市

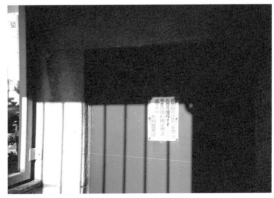

公团赤羽台团地 东京都北区

公团东绫濑团地 东京都足立区

公团滨见平团地 神奈川县茅崎市

团地的公园

公团辻堂团地 神奈川县藤泽市

公团百草团地 东京都日野市

公团山之田团地 山口县下关市

公社多摩川住宅 东京都调布市

公团萩原团地 福冈县北九州市

公团花畑团地 东京都足立区

○ "PROJECT D" 就是这样一个团地爱好者团体。名称中的 "D" 是取自团地（DANCHI）的首字母。PRO-JECT D 的成员有些拍摄团地的照片，有些实际居住于团地。除了在网络上发表团地相关讯息之外，也会组织参观活动以及出版影集等等，通过这些方式向世人传达团地的魅力和价值。

团地的樱花

公团小石团地 福冈县北九州市　　　　　　　　公团荻洼团地 东京都杉并区　　　　　　　　公团阿佐谷住宅 东京都

团地的商店

公团赤羽台团地 东京都北区　　　　　　　　公团町田山崎团地 东京都町田市　　　　　　　　县营上沟团地 神奈川县

团地的猫

公团城野团地 福冈县北九州市

公团云雀丘团地 东京都东久留米市

公团中宫第三团地 大阪府枚方市

公社多摩川住宅 东京都调布市

公团草加松原团地 埼玉县草加市

○ 团地44号栋是PROJECT D的成员之一。这是一家专门出版团地摄影集的"过家家"出版社，主要活动是发行"日刊团地"，每天以一张照片展示团地的日常生活，此外还有一年数次的团地摄影展，同时以团地日常的细节为主题发表团地记事。不过这些都是在网络上进行的活动，所以他们自称为"过家家"出版社。

○ Risatakeki是团地44号栋编辑部的两人组的名字，他们以这个共用的名字发表照片。Risatakeki多数使用胶片相机或者玩具相机来拍摄团地，他们觉得只有这样才能体现出团地的"空气感"和生活气息。

公团中宫第一团地 大阪府枚方市　　　　　　　　公社森野住宅 东京都町田市

公团武里团地 埼玉县春日部市　　　　　　　　公团藤之台团地 东京都町田市

团地的停车处

公团善行团地 神奈川县藤泽市

公团仁川团地 兵库县宝塚市

公团南台团地 东京都东村山市

公团田岛团地 埼玉县埼玉市

公团草加松原团地 埼玉县草加市

団地的壁絵

公団鷺宮団地 埼玉県久喜市

公団善行団地 神奈川県藤沢市

公団中宮第三団地 大阪府枚方市

公団室住団地 福岡市早良区

公団尾山台団地 埼玉県上尾市

对抗死亡的潜能探求

三鹰天命反转住宅

○ 作为艺术家、建筑家的荒川修作,从年轻时就有对抗人类的宿命——"死亡"的想法。他1961年移民美国,并遇见了生活与事业上的伴侣玛德琳·琴斯。20世纪70～80年代,荒川修作以欧美为中心举办了多次个展,登上了美术界的先锋位置。同时,他在纽约郊外的一处场所,围绕人类的身体进行各种各样的考察。1987年,荒川修作与妻子玛德琳·琴斯合著的作品《为了不死》的法语版出版。

○ 荒川修作长年持续对人体潜能和生命进行探求。2005年秋,"三鹰天命反转住宅 In Memory of Helen Keller(纪念海伦·凯勒)"在东京都三鹰市建成。这座集合住宅是体现荒川修作和玛德琳·琴斯长期以来的追求——"孕育生命的环境""对抗死亡的家"的第一号作品。

○ 三鹰天命反转住宅共三层,由9户住宅组成。光看外部,就很容易被它方方圆圆的奇特造型和五彩斑斓的配色所吸引。自建成以来,世界各国的游客前往参观,吸引了各方媒体的报道。然而"三鹰"不只有外形上的魅力,它最大的特点是能够激发人体潜藏的可能性,即能够"反转天命"。一位"三鹰"住宅的体验者说:"仅仅是生活空间的改变,就让我感觉心情、表情和行动全都变得积极起来了。"

○ 这栋仅有9户的小型集合住宅究竟拥有什么样的魔力? 所谓的"不会死的家"是如何实现的呢? 《知日》采访了三鹰天命反转住宅的总经理松田刚佳 (Matsuda Takeyoshi),探寻"天命反转"概念的深层含义。

二层的走廊

○ 知日：三鹰天命反转住宅为什么被叫作"不会死的家"？关于"不死"，具体应当如何理解？

● 松田：我觉得，人们对于生存这件事情似乎有些怠慢了。日本从很早以前就有"人生短暂"的思想。"反正都要死，还不如自杀"、"就算有战争也无所谓"……这些例子可能有些极端，但很残酷的是，这样对生存持消极态度的人并不少。如果像这栋住宅的创造者荒川修作和妻子玛德琳·琴斯一样，带着"试着怀疑常识来思考，长生不死也是有可能的。人必须为了不死而生存"这样的想法去行动，人的生存本身就会发生改变。这栋住宅就是让人通过身体和环境来体验这种思维方式并将其付诸行动的地方。

○ 知日：住宅五彩缤纷的配色也与"不死"有关系吗？

● 松田：色彩与"不死"的直接关系，很难用语言表述清楚。住宅内外装修一共用了14种颜色，目的是为了以人工的方式创造出自然环境。色彩的规则非常复杂，简单来说，配色的原则就是让人在进入住宅内部后，无论看到何处都能有6种以上的颜色同时进入视野。荒川修作和玛德琳·琴斯经过长年的研究发现，在有6种颜色同时进入视野的情况下，人在视觉上不是区别每一种颜色，而是将它们作为一个整体来感知。在面对森林、大海等自然环境的时候，

人类实际上是被非常多的色彩所包围的，这一点很难以人工的方式再现。那怎样才能用人工方式达到同样的效果呢？研究的结果就是以上述的方法使用颜色。人类作为动物，本来就最适合处于自然环境当中。孩子们能从色彩中得到活力。可是，为什么老人院和高龄者设施不活用色彩呢？实际上，来参观的高龄者中有很多人表示"在这里感觉很精神"。

○ 知日：三鹰天命反转住宅理念中的"In Memory of Helen Keller"怎么理解？

● 松田：设计这栋住宅的荒川修作和玛德琳·琴斯，是将海伦·凯勒作为住宅使用者的模特来进行设计的。海伦·凯勒出生后不久就失去了视觉和听觉，却在有名的家庭教师沙利文和周围人的帮助下，成功地重新构筑了视觉和听觉。我们的身体里蕴藏着巨大的可能性。我们常常说"五感"，实际上根本不止五感，我们有成百上千种感觉，只是没有发现而已。这栋住宅将海伦·凯勒作为使用者的模特来进行建筑，目的是让居住者通过身体的活动来实践与周围环境相联系的方法，获得新的知觉、感觉及关联性。也就是说，住在这里的每一个人都会像海伦·凯勒一样发掘身体的潜能。

○ 知日："三鹰"住宅的内部构造能提高人体的

三层的走廊

三鹰天命反转住宅的电梯

运动能力，这种效果是依靠怎样的设施来实现的呢？

● 松田：具体来说，像球形的房间、凹凸的地板这样让人的身体活动的设置分散在住宅的各处。近年来，康复训练的研究者对在生活中创造身体活动的环境这一点颇为关注，也将"三鹰"作为对象进行了研究。提高运动能力的效果是多种要素的综合，需要亲身体验才能了解。

○ 知日："三鹰"的9户住宅现在是怎样的构成？长期租赁、短期体验和文化教育用房屋是怎样分配的？

● 松田：全部的9户住宅中，有2户用于短期体验项目，也就是weekly mansion，有2户作为公司的事务所（开展参观学习和座谈会等活动），其余5户是长期租赁住宅。短期体验项目的住宅有4人用的3LDK（三居室）住宅和2人用的2LDK（两居室）住宅。我认为将三鹰天命反转住宅当作"住宅"来使用这一点很重要。

○ 知日："三鹰"的长期居住者开始在这里居住以后，身心有没有发生什么变化？短期留宿的客人和学习会的参与者，一般都会有怎样的感受呢？

● 松田：我向居住者们询问意见的时候，得到的是"家人间的交流增多了""花粉症治好了""生活变得规律了"之类的反馈。学习会的参与者们也认为，三鹰天命反转住宅不仅是生活场所，更是艺术作品。大家将荒川修作和玛德琳·琴斯修建"不会死的住宅"

的意义，作为与自身息息相关的事情来感受。对于日本人来说的大事件——2011年3月11日的东日本大地震发生之后，我感觉到"天命反转（不死）"这个概念对大家而言，已经成为如自身周遭环境一般自然的存在了。总之"体验"，也就是用自己的身体去经历和感受这件事情，是非常重要的。

○ 知日：2008年"不会死的家"第二号在纽约建成。这个第二号与第一号的"三鹰"相比有什么不同吗？

● 松田：2008年在纽约东汉普顿竣工的Biosc-leave House和三鹰天命反转住宅，可以说基本思想是相同的。建筑形态根据具体的地域条件和用途有所不同。纽约的住宅属于别墅类别，而三鹰天命反转住宅是集合住宅，这是它们表现形式上的区别。

○ 知日："不会死的家"这样概念的住宅今后会增加吗？

● 松田：我建议将这样的住宅作为城市发展计划，以更大的规模来建设。三鹰天命反转住宅是只有9户的集合住宅，竣工至今的8年间，正如现在《知日》对我们进行采访一样，获得了全世界的瞩目，每年有一千多人来此参观学习。假如能以最少50户为单位建成社区（能感觉到共同性的街道）的话，我想一定会比三鹰天命反转住宅有更多的发现和惊喜。如果中国有人想要建造这样的住宅，我很高兴与他们合作。

室内的三合土地面

书房

榻榻米房间

从卧室观望厨房的样子

三鹰天命反转住宅内部

淋浴间

电梯外的大厅

从入口处向上望的样子

建筑档案

建筑名	三鹰天命反转住宅 In Memory of Helen Keller
所在地	东京都三鹰市大泽 2-2-8
建筑设计	荒川修作 + 玛德琳·琴斯，安井建筑设计事务所
建筑施工	竹中工务店
竣工日期	2005 年 10 月
构造	预制混凝土，钢筋混凝土，钢架
建筑面积	260.61m²
总露面面积	761.46m²

[Feature]

川井操 / text & picture　蔡萍萱 / translate

无常的生存
移动的家

过剩的住宅

○ 战后经济奇迹时期以来，将土地与住宅捆绑销售的模式在日本扩展开来。为买一套独栋住宅而必须长期还贷成为工薪阶层的一个特征。然而，随着小型家庭进一步蔓延，开始出现住宅的剩余。而在地方城市，由于人口不断减少，空置的房子开始增多，独栋二手房的售价一再下调。从这些现象看来，随着人口减少，独栋住宅的空置率必定会越来越高。目前，日本存在800栋以上的空屋，根据野村综研的估算[1]，照此趋势发展的话，至2040年，日本住宅的43%都将成为无人居住的空屋。由于经济不景气，正式聘用与终生聘用的工作机会开始减少。此外，深受长达几十年房贷之苦的人不在少数，而且现状是，即便是你想卖房子，也不易出手。从另一个角度来看，日本是个地震大国。2011年3月11日，东北沿海地区发生了日本史上最严重的9.0级大规模地震，受地震、海啸影响，近13万栋住宅被毁[2]。处在人口减少、就业压力、空屋问题、天灾人祸之下的日本，是时候重新审视"二战"后"持屋型"的居住方式了。对处于二手房重新装修即所谓住宅改造以及合租屋热潮中的日本来说，这将成为一个必须面对的课题。

○ 不过，自古以来，日本人对于住宅的持有意识并不是特别高。反倒可以说，对于住宅，一般民众一般都抱持着租房子的强烈意识。于是在日本出现了临时住宅、移动住宅、具有自给型基础功能的住房等奇妙的住宅形式。下面我分别以这几种住宅的代表为例进行说明。

注：1. 野村综研《人口缩减时代的住宅·土地利用·社会资本管理的问题与其解决方法（下）》《知识资产创造》2009年10月号，P61～62。野村综研即野村综合研究所，成立于1965年，日本著名的综合研究机构。
2. 根据警察厅公布的数据，截至2012年11月14日，共有129,622栋房屋全毁，266,392栋房屋半毁，279栋几乎被烧毁。另外，20,587栋房屋地面以上淹水，地面以下浸水的房屋有15,627栋，727,940栋房屋受到部分损坏。

方丈庵：移动式住宅的起点

○ 镰仓时代前期鸭长明所写的《方丈记》中，记载了临时兼移动式住宅"方丈庵"的相关内容。长明晚年时在日野山（京都市伏见区日野町）造了个方丈（边长为一丈的正方形）庵，于是书名也取名"方丈记"（1212年）。关于"方丈庵"，《方丈记》里有如下描写："此次小庵的样子，不同于世间一般模样。大小仅方丈，高不足七尺。因无就此定居之意，所以不是购地而造的。在地基上支起柱子，盖上简单的屋顶，材木的连接处用铁钉固定着。这是为了一旦有不称心事，就可便利地移往他处。那重建的事，有几许麻烦呢？装车只需两辆，车酬之外，不需其他费用。"

○《方丈记》中所记载的时代背景，正值平安末期、战乱纷繁、自然灾害频发（安源大火、治承飓风、福原迁都、养和饥荒、元历大地震、民不聊生）。为了远离社会动荡带来的无常感，年过六旬的长明自己在京都的山沟沟里搭起了"方丈庵"，并住了进去。小庵规模为边长一丈见方（4叠半），高度不足7尺（约2米）。3尺（约1米）的屋檐下煮饭洗衣，起居范围非常有限。与长明曾经居住的房屋相比，这个小庵的空间不足其百分之一。

○ 关于这个小庵的具体细节，书中有如下记载："自隐居到现今的日野山后，小庵东侧搭了个三尺余的小棚，为折柴燃火的便利之处。南侧铺着竹篾，西侧建了于伽棚，靠近北侧，隔着隔障，安置着阿弥陀的画像，旁侧悬挂着普贤画像，阿弥陀的前面放置着法华经。东端铺着顽长的蕨穗做寝床。西南吊着竹棚，上面放着三只皮面的竹笼，内收和歌、管弦书及《往生要集》。竹笼旁竖靠着一把琴和琵琶，所谓的能折能拆的便携琴和琵琶。暂住小庵的模样，即如此。"

○ 小庵东侧支起三尺多的房檐，长明把那里当成折柴燃火的地方。南侧则铺上竹篾，西侧搭一个小棚，靠近北侧用隔障隔出安置阿弥陀佛画像的空间，在其一旁挂着普贤菩萨的画像，画像之前则摆着《法华经》。在这里，长明与周围的自然万物共生存，拨着不太熟练的琵琶，一边写下自己晚年的回忆录与日常，一边享受这难得的生活。

○ 从"方丈庵"身上，我们看不到任何与住宅相关的物质感。这是一个将住宅及生活方式尽可能地单纯化，并且可以随时随意拆除、装车运走移住的住宅样式。类似长明这样，主动从社会约束中逃离的"轻松的"以及简练朴素的"居住方式"，正向我们提出疑问：什么是"居住"？什么是"生活"？

电车住宅：借用与直接运用

电车住宅平面图，出自西山夘三《日本的住宅（壹）》（1975 年出版）

○ 1945 年以后的战后复兴时期，当时有一类应急临时住宅是用报废的电车改造而成的（下文称"电车住宅"）。在西山夘三[3]的作品中，这种被称为"电车住宅"的住房被详细地记录下来。

○ 1954 年，原兵营据地的一角，京都市营电车的 10 节车厢被改造成了"电车住宅"。这个住宅是为不得不搬出母子寮[4]的单身母亲家庭而建。"电车住宅"的车身宽约 2 米、长约 9 米，照坪算的话，这是一个 6 坪左右的超小型住宅。由于窗子开得高，地面通风不良，一到夏天便湿气很重。1995 年，这些住房以月付 5 万日元的条件转让给居住者。

○ 以其中的一户居民为例，最开始的时候是一家四口睡在靠里面 4 张榻榻米大小的屋子里，过了七八年后，由于经济逐渐宽裕，他们便向市里申请扩建。在无限逼近南侧地界线的面积里，他们加盖了 6 张榻榻米大的屋子并设计了玄关、泥地和小壁橱。余下的空间不到 4 张榻榻米。原本位于入口的厨房一直延伸到隔壁房间，成为 DK 式厨房[5]。

○ 然而，由于电车的构造条件所限，墙壁无法拆除，因此往来扩建部分与电车车厢必须要绕过外墙，紧急情况发生时也只能采取从窗口跳过去这一种方法。在这个 6 张榻榻米大的房间里有长女、次子两人的儿童房，这里是他们的卧房、客厅，也被做成衣的长女拿来当工作间。也就是说，这个房间成为了一个多功能的复合型场所。

○ 假如对电车这一更为坚固构造的借用引起了家族结构的变化，那么人们便无法对新的空间类型展开阶段性的、灵活的运用，只能靠扩建的形式来弥补这一缺失。因此可以说，电车住宅赋予了处于极恶劣情况下的人们对于"居住"本能的应急感触，在适应居住环境的过程中加深了人们对住宅的留恋之情。

注：3. 西山夘三（1911～1994 年），日本的建筑学家、建筑师，同时也是城市规划师。他打下了科学方法研究住宅问题的基础。1947 年出版《未来的住宅》。对一般民众的生活实态展开详细调查，揭示了人们源于意识抑或习惯而将住宅内吃饭与睡觉的地方区分开来的生活实态。西山将其称为"寝食分离"，并将这一居住方式的规律运用到后来的住宅规划中。
4. 日本各地为单身母亲提供的廉价公寓。
5. 餐厅（Dining room）和厨房（Kitchen）融为一体的餐室式厨房，也就是开放式厨房。

1954 年，原兵营据地的一角，京都市营电车的 10 节车厢被改造成了"电车住宅"。出自西山夘三《日本的住宅（壹）》（1975 年出版）

川合健二宅：能源自给型

川合健二宅的波纹管立面。photo by 川井操

○ 20世纪60年代是日本战后经济发展的奇迹时期，能源自给型住宅"川合健二宅"出现。

○ 川合健二（1913～1996年），借用其在建筑师丹下健三手下担任设备设计时期的经验，利用作为土木工程暗沟的波纹管，建造了"川合健二宅"（1965年竣工于丰桥市，下文称川合宅），因其追求自给自足的生活而为人所知。但是，在成为设备设计师之前，他是一位热力机专家，并一直致力于"总能量理论"的研究。此外，后来的建筑师石山修武[6]针对以波纹管为构造的建筑（下称波纹管建筑）又提出了5个新的观点，更进一步说明了使用波纹管构建施工的简易度，因此也有一些住宅是由建筑外行建成的。而使用结构墙体材料波纹管作为主体的原因在于——它已是批量生产的工业产品，且可以自行组装。

○ 川合宅位于爱知县丰桥市。选址时川合考虑了以下要素：为实现粮食的自给必须保留足够的空地；与主干道保持适当的距离；到东京与大阪的距离相等。

○ 川合宅里没有水泥墙角，的即所谓的地基。沙石堆里伫立着接近平躺的波纹管。这是一种通过将建筑物与地面隔离、消除地基，以摇篮式晃动对抗地震的构造。

川合健二宅的内部环境。居住者接触更多的不是钢铁的冰冷，而是灯泡、家具、用惯了的生活用品所组成的温暖。photo by 川井操

○ 笔者曾于2009年11月左右拜访了川合宅，川合健二的遗孀花子夫人独居在此。住宅周边有灌木丛围绕，波纹管住宅仿若潜藏其中。住宅内部比想象中紧凑，与包裹着这个建筑的柔软的波纹管不太一样，内部的照明及家具都是现代设计名作。白炽灯泡的光线与双手触碰到的物品营造出温馨的氛围。波纹管也没有想象中锈得那么厉害。北侧的墙面贴着大面积的椭圆形隔热薄板。因此在日常生活中，居住者接触更多的并非钢铁的冰冷，而是灯泡、家具、用惯了的生活用品所组成的温暖。波纹管建筑已建成50年，如今依然深受很多人喜爱。

川合健二宅掩映在一片绿树丛中。photo by 川井操

注：6. 石山修武（1944年一）建筑师，冈山县人。早稻田大学理工科教授。曾获得日本建筑学会赏等多个奖项。代表作品为《幻庵》（1975年）、《Rias Ark 美术馆》（1994年）。
7. 坂口恭平（1978年一）建筑师、作家、舞者、歌手。熊本县人，早稻田大学理工科建筑学院石山修武研究室出身。因2011年3月福岛核泄漏事件而搬到熊本，同年5月10日成立以"0自杀者"为公约的"新政府"，并担任"首届内阁总理大臣"。主要著作有，摄影集《0元住宅》（2004年）、《TOKYO 0元住宅 0元生活》（2008年）、《创建独立国家的方法》（2012年）。

0元住宅：寄生于都市

○ 现代生活中的终极移动式住宅，非寄生于市区内的"0元住宅"莫属。自称新政府内阁总理大臣的坂口恭平[7]，通过实地考察详尽地记录了居住在东京市区河流周边的这一族群的生活。

○ 其中有一位俗称"隅田川爱迪生"的铃木先生，和妻子住在东京都隅田川沿岸。他的"0元住宅"真

位于东京都隅田川沿岸的铃木夫妇的"0元住宅"。出自坂口恭平《TOKYO 0元住宅 0元生活》（2008年出版）。photo by 坂口恭平

的是不花分厘建造而成的完全自造住宅，建筑材料全部来自市区的废品改造。木质的柱子、地板自不用说，连钉子看上去也像是废品。另外，这个住宅非常好拆解并可移动，是无限接近于上述"方丈庵"的住宅，且位于东京市区。这是收集城市里废弃的资本、能源而建成的住宅。

○ 铃木夫妇尽可能地利用废品和公共财产作为基础设施。用电来自从加油站领的12V电池，据说还能用来看电视、听广播；煤气则使用石油气边炉；卫生间位于附近的公园里；水是公园里的自来水。他们用10个40公升的塑料瓶储备两人1天所需的用水。

○ 不过，河流沿岸地区被指定为国有土地，因此为了应付国土交通省的检查，每个月有一天必须强制拆除掉房屋。因此，他们的住房必须要好拆解、易挪动。于是柱子上的钉子钉得很松，以方便拆下来。而仅需一个小时就能解体的旧式日本民间住宅，本来也是为了方便拆解才使用了木栓。另外，为了抵抗地震造成的晃动，这座"0元住宅"并没有完全固定，整个构造通过利用身边的生活用品或者铃木夫妇的荷重来支撑。住宅面积相当于3张榻榻米（1m×3m）的大小。屋顶用的是烟花大会游客留下的10平方米见方的塑料膜，房屋框架为木造。可以说这简直就是现代简易版的日本民宅。更有趣的是住宅的使用方法：玄关前的泥土空间可以作为临时的浴盆，同时兼具仓库、厨房、收纳等功能，实在是一个变换自如的空间。

○ 铃木夫妇靠回收废弃铝罐每月可挣得5万日元左右。他们把每周废品回收的流程排成紧凑的行程表，并定好回收站的位置。回收废品时使用的袋子及自行车等也被改造以方便工作。从生活到工作的各方面，事无巨细都安排在铃木先生独特的体系之下。可以说，这是现代文明中实现"生存＝建筑＝居住"的终极居住方式。

注：8.日本木结构建筑发展过程中出现的行业，"曳屋"就是在不拆损建筑物的前提下将其完整地移走。

参考文献：
1.《方丈记》，鸭长明著，川濑 马校订，讲谈社文库，1971年。
2.《生活之家 —— 经验与象征》多木浩二著，岩波现代文库，2001年。
3.《日本的住宅》Ⅰ、Ⅱ、Ⅲ，西山夘三著，劲草书房，1975~1980年。
4.《川合健二手册》，川合健二等著，acetate，2007年。
5.《severalness 事物连锁与人类》，中谷礼仁著，鹿岛出版会，2005年。
6.《TOKYO 0元住宅 0元生活》，坂口恭平著，大和书房，2008年。

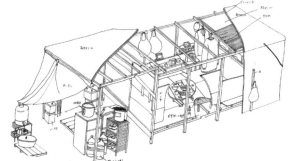

"0元住宅"的轴测投影图，出自坂口恭平《TOKYO 0元住宅 0元生活》（2008年出版）

寓居时代的到来

○ 从上述4种类型的建筑，我们可以明显发现时代背景与住宅形式的不同，但这其中也有共通的关键词，即"自主建设"、"移动可能"、"能源自给"等等。同时，他们共通的意识在于，能够随时应对天灾、人祸、经济危机等紧急情况的高度危机感。并且，他们对于拥有土地或者形式化住宅的痴迷程度相当低。另一方面，他们珍惜身边的生活用品及生活周期，细致利用身边触手可及的空间。这样的生活方式已然成为他们身体的一部分。他们不会让生活空间产生任何无用的浪费。即，对于"居住＝生存"，他们比谁都敏感。

○ 如今的日本，正处于上述住宅过剩的时期，经济状态也极其不稳定。也许是因为这些因素，多数年轻人越来越不急于拥有自己的住宅。于是，二手住宅的再造（扩建改造）、合租房Share House（公寓）等细小的社会变动正在发生。这象征了处于社会缩小时期中日本的一个动向，然而过多的建设投资以及高额的房贷造成企业甚至个人的费用负担过大，连一般企业的招聘体系也产生变化。运用原有终生聘用制度的企业逐渐减少，国有企业开始民营化，一般企业开始鼓励提前退休并解雇派遣员工。现在的社会，已没有了当初那种多数人都能负担得起长期房贷的环境。由此可见，居住方式的变化与聘用体系密切相关。在看不见未来的时代里，他们看重自然与自身周围的生活。

○ 毋庸置疑，上述4个住宅只是特例。生活当然有极其残酷的一面，不过在他们的生活之中，隐藏着通过自己的想法去改变住宅的一种享受，并充满活力。本来，日本的木造住宅并不是像现在这样固定在水泥地基上，而是一种将木柱子立于基石上的实用的高移动性的住宅。并且，以曳屋[8]为代表的类似解体移建也频繁开展。他们的住宅是处于日本住宅潜在性质延长线上的。如果从这一点出发考虑的话，那么我的想法就不是歪理邪说了。

○ 我们正尝试着在不局限于既有住宅形式的前提下重新思考"建筑＝居住＝生存"的理想状态，以此来迎接实践新型居住方式的时代。

[Feature]

自己生活的宇宙

专访 | 都筑响一

都筑响一

编辑、摄影师。1956年生于东京。1976年起先后从事了《POPEYE》和《BRUTUS》的编辑工作。以出版记录东京人生活的《TOKYO STYLE》为开端展开了摄影活动，同时编辑活动也在继续进行。另出版有影集《珍日本纪行》《租赁宇宙》等，以及著书《夜露死苦现代诗》等。2009年起发行独立电邮杂志《ROADSIDE weekly》。

○ 二十多岁时从事过《POPEYE》《BRUTUS》两本杂志编辑工作的都筑响一，在1990年前后开始拍摄东京都内狭小的公寓房间，记录在那里居住的年轻人的生活。这些照片收录于1993年出版的《TOKYO STYLE》。现在，都筑先生巡游世界的街道，对那些不曾被媒体报道的人或事取材，发表于他的个人电邮杂志《ROADSIDERS' weekly》。而对于房屋的取材，直到20多年后的今天仍在继续。

○ 2001年出版的《租赁宇宙》可以说是《TOKYO STYLE》的续篇。但《租赁宇宙》里所展示的房间已不局限于东京，还包括了关西地区。且不同于《TOKYOU STYLE》，照片中出现了居住者的形象。《租赁宇宙》也是对于这样的生活方式——不在房租上花费过多，而过上舒适的都市生活——进行各种各样探求的结果，这是在《TOKYO STYLE》中所没能尝试的。"

○ 都筑先生的房屋取材对象有艺术家、设计师等自由职业者，也有以打工维持生计的人和在公

one room mansion

典型的one room mansion布局形式

○ one room mansion（单身公寓），是现在日本城市中相当普及的一种房型，也可以说是年轻人中的一种主流生活方式。

○ "one room mansion"（ワンルームマンション）是一个和制英语词汇，指集合住宅中的一种房间布局形式，只有一个房间，通常带有厨房、厕所和浴室，睡觉和吃饭的场所成为一个整体，但厕所和浴室是分开的，这是现代日本单身公寓的特征。

○ 日本的one room mansion始于20世纪80年代，当时，一般的公司职员没有能力购买高级公寓，于是不动产商针对这些人推出了单身公寓这种投资物件。初期的one room mansion只有15平方米左右，浴室、厕所、洗脸池三者一体，现在大多是20平方米以上，浴室和厕所分离的房型。

○ 现在的日本，尽管依然是家庭式公寓更为普及，但城市中大部分的公寓楼都会有one room mansion房型，租住者大多是学生或单身白领、

司上班的职员等等，涵盖了各种各样的人群。最开始是朋友，之后通过朋友的介绍，拍摄对象的范围也慢慢地扩大了。

○《租赁宇宙》所呈现的房间，通常堆满了生活用品和装饰品，看起来眼花缭乱。对此，都筑先生说："比起外观上的整洁宽敞，我觉得对房间的需求这一点更加自然——房租尽可能便宜，同时想要被自己感兴趣的东西和喜欢的东西包围。因为房间在作为'向他人炫耀的东西'之前，首先应该是'自己生活的宇宙'。"这也许便是"租赁宇宙"的含义吧。

○ 都筑先生对房屋的取材也不仅限于日本，他曾有半年的时间往来于上海与东京，同样对那些狭小的居住空间进行拍摄。因此提及中国人和日本人在住房问题上的差异，都筑先生有他独特的见解：

○ "在出书之前，我也觉得也许能通过这个项目看到类似于'日本人本色'这样的东西，结果并

没有。享受于生活在狭小房间里的人们，无论在东京、伦敦、巴黎、纽约还是上海，都是一样的。他们是一群愿意住在市中心而不是郊外，比起虚荣更愿意选择实质生活的人。

○ 现在中国人给外国人的印象只有两种——非常富有的人和十分贫苦的人。但是，在上海、北京这样的大都市的中心地带，找到一处狭小的公寓，并享受于日常生活的人比比皆是。并不是所有人都会为了住进高级公寓而勉强做不喜欢的工作，能够充分理解'足够'这个词的含义的人还是很多的。我想要展现给大家的，正是这样一种'普通的中国人，普通的中国生活'。"

○ 被问到想对中国读者说的话，都筑先生说："媒体将'人们无法得到的东西'展现给大众，煽动大众的焦躁感和饥饿感，并将其与消费相结合。这样一来，高级的家具和住宅得以售卖，商家就愿意做广告了。我们日本人

自古以来都在向中国人学习这样的智慧：摆脱上述那种'消费的恶性循环'，只为自己真正需要、真正喜欢的东西而工作，过适度、合理的生活。中国、日本乃至全世界，贫富差距都在不断加大。在这种状况下，能够拥有'不追求不必要的东西'的思想，也算是精神上的环保。我相信，那些不被煽动大众消费欲望的媒体所欺骗的、聪明的中国'普通人'，一定会支撑起中国的未来。"

○ 正是为了要把大众真正需要的东西传达给大众，都筑先生开始独立发行自己的电邮杂志。就像他所说的，无论在日本还是中国，有很多年轻人正蜷缩在市中心某处狭小的空间里，却也自得其乐地享受于现在的生活。他认为这并不是逼不得已，而是一种体面的选择，并且也正在以自己的方式将这种价值观传达给大家。比起照片中的房间景观，都筑先生所呈现给我们的，也许更多的是一种生活方式的价值取向，也是一种激励。

都筑响一 / text

租赁有理

○ 人类是需要居住场所的动物。

○ 且不管是住在瓦棱纸屋里，还是住在宫殿里，仅从人有了能坐下来好好吃饭、躺成 "大" 字形睡觉的地方开始，才可以说人类过上了有人样的生活。

○ 但是，动物也有 "巢"。如果说只是吃饭、睡觉以及交配的地方，兽类和人类的住所也没多大的差别。

○ 那么，"巢" 和 "房屋" 的区别究竟在哪里呢？

○ 像人类把冰箱里塞满食物一样，松鼠也会将树木的果实塞进巢里。

○ 像人类晒干被褥、熨烫床单一样，熊也会收集新落的树叶将窝里铺满。在寻求舒适的本能上，兽类和人类也许是一样的。

○ 如果非要找出一点区别的话，那就是兽类不会像人类一样要求超出必要范围的空间。熊只需要能够蜷成一团睡觉的洞穴，大象也只需要在能遮挡住身体的大树下，就能健壮地生活。只有人会贪婪无度地欲求过于宽大的床、过多数量的房间、能力范围之外的情人宅，以及其他种种过剩的空间。

○ 古时禅僧有云："立则半叠，卧则一叠。" 而现在人们却容易陷入 "房屋的级别代表人的级别" 的臆断。

○ 如今，人们已经不会认为穿着膝盖上破洞的牛仔裤的男人相比于穿西服的商务人士而言 "人格和生活质量低下"，但是在居住方面，却有从房屋的狭小和混乱直接判断主人的人性低下的倾向。

○ 并不是说脏乱的房间比整洁的屋子更有创造力，但也不能说主人的人格就比别人差。就像是穿牛仔裤还是穿西服只能反映人的穿着喜好一样，实际上房屋也不过是居住者的喜好而已。

○ 人们常说："总要有自己的房子。" 也有人说："反正都要付房租，不过是付给房东还是付给银行的区别而已。" 买一套 "一生拥有" 的房子，要付 35 年的贷款。虽然这样也不是不好，但很少有人知道 35 年后的自己会是什么样子吧。何况在这个狭小的岛国，几乎没有人能在称心如意的地方买到称心如意的房子。因为房地产环境和住宅环境都太贫瘠了。而且现在的孩子们，都是看着父母被贷款所束缚、苦于远途通勤的样子长大的。

○ 差不多该到大家抛开 "连房子都没有" 这个观念，而普遍认可 "不要房子" 这种积极态度的时代了吧。我们应该清楚地认识到家就是 "巢"，将整个周遭环境都当作自己的生活空间。这样一来，24 小时不眠

的都市空间也好，翻滚着波浪的海边也好，所有的喜好都有了被选择的可能。

○ 不注重拥有的财富，而热爱没有负担的轻松。书中登场的一百多位租房生活者，他们的生活里正是充满了这样一种清爽的感觉。

○ "物主信仰"的观念在日本这般大行其道，也不过是第二次世界大战之后 50 年左右的事情。在此之前，一般人都觉得一辈子租房子住是理所当然的。在穿着上，邋遢的打扮很丢人，但一身华丽的装束也未必得体。房屋也是一样，并没有那种糟糕到上不了建筑杂志的房屋。尽管我们早就意识到这一点，但不管是建筑家还是室内设计师，评论家还是编辑，大家对此都缄口不言。因为如果说出"房屋这种东西，怎样都好"的话，房子就卖不出去了吧。

○ 但是，正是由于出发点不是"怎样都好"，而是"一定要弄成什么样子"，人们便在住房上有了烦恼。而要获得自己真正喜欢的样子，必须以"怎样都好"为基础才行。比方说，你想找女朋友或者男朋友。这个时候，比起抱着"不早点结婚多没面子"的焦急心情寻找，以"能遇到不错的人就好了"这样轻松的心态，反而更容易找到吧。所谓房屋，也是一样的。

张艺 / interview & text 浅川敏 / photo 东环境·建筑研究所 / picture courtesy

6坪的名宅：
东孝光"塔之家"

所在地	东京都涩谷区
用地面积	20.56㎡
建筑面积	11.8㎡
使用面积	65.05㎡
规模	地下1层 地上5层
构造	RC造（钢筋混凝土造）
施工时间	1966年6月－1966年10月

○ 1966年建成的"塔之家"位于东京涩谷，是建筑家东孝光的代表作品，也是日本极小住宅的典型。在只有6坪（约20平方米）的建筑用地上，东孝光用清水混凝土建起了地下1层、地上5层的塔状住宅，前卫的造型设计令它成为了建筑史上的名宅，在过去近半个世纪的今天，参观者仍然络绎不绝。

○ "塔之家"内部是开放的空间，地下1层是收纳间，第1层是玄关和车库，第2层是起居间和厨房，第3层是卫生间和浴室，第4层是主卧，第5层是儿童房，室内没有设置门，各个空间由楼梯连接。

○ 东孝光于1933年出生，生长于大阪的都市，毕业于大阪大学工学部建筑工学科，毕业后一直从事建筑工作，1964年以设计新宿西口地下广场为契机来到东京。1966年，在新宿买下土地，建起了"塔之家"作为一家的住宅，同时也是"东孝光建筑研究所"所在地。此后东孝光设计了很多都市住宅，1995年以"塔之家等一系列都市型住宅"获得日本建筑学会赏。

○ 1985年，东孝光出任大阪大学工学部教授。同时也将"东孝光建筑研究所"更名为"东环境·建筑研究所"，由东孝光的女儿东利惠出任代表。现在东孝光先生已经搬出"塔之家"，而"塔之家"由他的女儿继承并居住至今。

○《知日》本次采访了东利惠女士，她为我们讲述了东孝光关于"都市住宅"的独特看法。

1. "塔之家"内部没有门，各个空间都由楼梯连接
2. 东孝光
3. 从窗户往外看可以看到城市的街景
4. 卧室。可以看出，在狭小的空间里，楼梯不仅起到了连接作用，同时也区分了空间
5. 狭小的家里，摆满书籍的书房

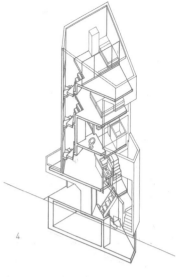

4

6

1. 在建成之初，"塔之家"既是住宅同时也是东孝光的工作场所
2. 房屋内部也由混凝土打造
3. "'塔之家'是对过去日本城市生活的一种新的实现形式。"
4. "塔之家"立体透视图
5. "尽管，在都市中生活空间会变得很小，但是城市却会用它的功能来满足居住空间的不足。"
6. "塔之家"各层平面图

○ 知日：从小在"塔之家"长大的你，小时候对"塔之家"的感受是什么？

● 东利惠：我从6岁（小学1年级）就开始住在"塔之家"了。对于小孩子来说，所有的体验都是崭新的，所以完完全全地接受，"平常"地生活了起来。不过，我家在朋友当中很有人气，是很能让人兴奋的房子。

○ 知日：何时开始想成为建筑师的？

● 东利惠：小时候常被大人问"要不要成为建筑师"，在青春期时非常抵触这样的询问。只不过，看到父亲为工作忙碌的样子，我明白他是喜欢建筑、喜欢工作，也明白建筑是很有意义的工作。在进大学选专业的时候，我打算先读建筑系，要是不合适，就在毕业后转其他方向。因此我进入了日本女子大学的住居科（这里走出了包括妹岛和世在内的许多女性建筑师）。大学毕业后，也想继续攻读建筑，因此到了海外留学。"塔之家"对我的影响不能说没有，应该是潜移默化的吧。

○ 知日：你和东孝光先生一起设计了很多都市住宅。你怎么看待都市中的狭小住宅呢？

● 东利惠：父亲设计的都市住宅超过了150间。他在大阪的城区长大，对城市生活有过很慎重的思

考。过去，日本典型的都市住宅都是职住一体，家里既是工作场所，也是居住场所，我的父母都是在这样的环境中成长的。而居住地在郊外，工作地在市中心，一到晚上和周末城市中心人口就锐减的美国式都市，父亲认为是很没有魅力的。所以，在都市中要保持一定的人口，就要在那里建住宅，并且把工作场所也建在家中为好。

　　尽管，在都市中生活空间会变得很小，但是城市却会用它的功能来满足居住空间的不足。比如说，聚会时可以到咖啡厅，若是家里没有书房，到星巴克就好。想要大的浴室，可以去公共澡堂，需要看书的话图书馆也有的是。在徒步范围内这些功能齐备的话，就是都市生活。

　　○ **知日**：东孝光先生设计的"塔之家"在当时是相当前卫的建筑。他的设计理念是什么？

　　● **东利惠**：父母年轻的时候，绝不愿住在集合住宅里，而一定要住在独户住宅中。而且，一定要生活在城市里而不是郊外。我想，"塔之家"是对过去日本城市生活的一种新的实现形式。

1. 厨房
2. 卫生间
3. 东利惠女士在起居间
4. 蓝色的楼梯，上面的垫子是东孝光夫人铺的
5. 楼梯间的采光窗户，以及简朴的白炽灯

张艺 / interview&text 吉田诚 / photo Atelier Tekuto / picture courtesy

狭小住宅 fantasy

○ 日文中有一个词叫作"ウサギ小屋"，原本是指饲养兔子的小屋，1979年EC（欧洲共同体）的非正式报告书《对日经济报告书》中，将日本人的住宅用"rabbit hutch"形容，在日本，这个词也变成了自嘲的流行语。

○ 狭小住宅是日本都市的独特的风土，在被切分成一小块一小块贩卖的不规则土地上，出现了层出不穷的幻想与创意。

○ Reflection of Mineral 和 Lucky Drops 是由建筑师山下保博的事务所"天工人"设计的狭小住宅，一间位于东京密集住宅区两条道路的分叉口，另一间是在东京世田谷区一块正面横宽3.26米、纵深29.3米、末端宽0.79米的细长用地上建起来的。

○ 关于狭小住宅的设计，山下保博说："日本的地价很高，越接近城市的中心，能够保有的就只有极为狭小的土地了。在这块土地上，雇主的愿望就是要最大限度地拥有空间，为了将空间最大化，就必须考虑新的结构与构造方法。"

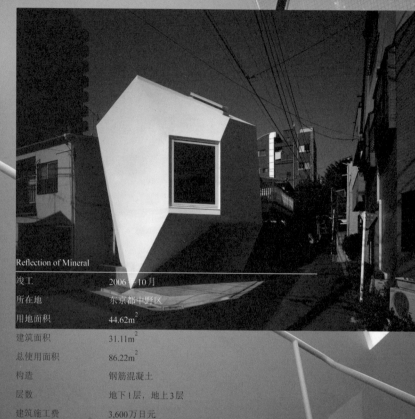

Reflection of Mineral

竣工	2006 年 10 月
所在地	东京都中野区
用地面积	44.62m^2
建筑面积	31.11m^2
总使用面积	86.22m^2
构造	钢筋混凝土
层数	地下 1 层，地上 3 层
建筑施工费	3,600 万日元
创意设计	山下保博，田中洋一 / Atelier Tekuto
构造设计	我伊野威之铃江信之 / 我伊野构造设计室（G DeSIGN）

照射光线的角度、方式不同，会显现出透明、半透明、不透明的变化

Reflection of Mineral 的建造灵感来源于钻石

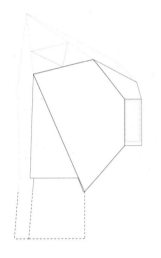

南侧丽立面图

① 1 层平面图：大厅、收纳间、厕所、车库
② 2 层平面图：起居室、餐厅、厨房
③ 3 层平面图：预备室、浴室、盥洗室
④ 地下 1 层：卧室

Reflection of Mineral

○ 设计的灵感来源于钻石。"'矿物'同时拥有抽象的面和具象的面。照射光线的角度、方式不同，会显现出透明、半透明、不透明的变化。而'反射'是近来关于空间知觉的方法论之一。在内部空间里，通过将立体空间相互缠绕，形成多面体，视觉上会产生反射，从而超越空间的限制，"山下保博说，"钻石的产生是有矿物切割而成的，切割是决定钻石价值的重要因素。"

○ 当时，雇主拜托设计师建造一间有趣的住宅，要确保最大的空间，还希望有带屋顶的车库。考虑到法律的限制和采光条件，为了在用地上建设最大限度的空间，而将建筑切割成了多面体。多面体的每一面被置换成了墙壁、地板、屋顶和窗户。

○ 同时，在1层挖出了一个架空的空间作为停车场，于是在街道拐角处就出现了小小的广场。山下保博的期望是，希望这个小小的广场能够为这个住宅密集区带来一些公共的空间。

多面体的每一面被置换成了墙壁、地板、屋顶和窗户

Lucky Drops

竣工	2005年2月
所在地	东京都世田谷区
用地面积	58.68m^2
建筑面积	21.96m^2
总使用面积	60.94m^2
构造	钢筋
层数	地下1层，地上2层
创意设计	山下保博，原口慎治，天野美纪 / Atelier Tekuto
构造设计	我伊野威之铃江信之 / 我伊野构造设计室（G DeSIGN）

山下保博

1960年生于鹿儿岛奄美大岛，1986年毕业于芝浦工业大学大学院工学研究科，1991年创立山下海建筑研究所（1995年更名为 Atelier Tekuto），1999年设立 Project1000，2000年设立 NPO 法人 N·C·S，曾任东京大学大学院、庆应义塾大学大学院兼职讲师，现为九州大学客座教授。

断面图

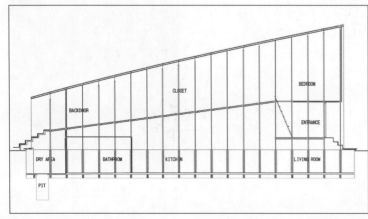

在建筑内部，排除了一切妨碍视线的要素，确保了视觉上的宽广度　为了保证宽度，地下1层采用了12mm厚度的铁板壁

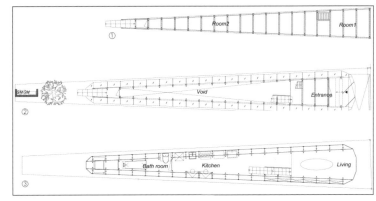

① 2层平面图：房间1、房间2

② 1层平面图：入口、空间

③ 地下1层：起居室、厨房、卫生间

Lucky Drops

○ Lucky Drops，名称来自日本谚语"残り物には福がある"（别人挑剩的东西有福气）的同义语 Lucky Drops（碗里最后的一滴）。

○ 雇主是30岁的夫妻二人，包含土地在内，他们的预算是3,000万日元。山下保博说："他们给出的土地实在是太有意思了，我们决定在这里建造独一无二的住宅。"这就是天工人耗时3年的"Long Project"。

○ 因为用地环境受到很大限制，用地是正面横宽3.26米、纵深29.3米、末端宽0.79米的长条形，所以设计目标明确，就是要活用长条形的用地，确保最大限度的长度。法律规定与邻地要保持0.5米的外壁后退距离，所以横宽就不足，于是，他们决定在地下建造起居室。为了保证地下空间的宽度，放弃了使用混凝土壁（厚度约2,000mm），而采用了铁板壁（厚度约12mm）。另外，在这个极窄的空间中，怎么保证建筑物从上到下的采光呢？天工人采用了透光的材料，2层的地板使用了金属网（expand metal），这样自然光就能够透射到地下了。

建筑全体 skin（皮膜）化，争取最大限度地利用空间的可能性

[*Feature*]

像造汽车一样造房子

日本是世界上率先在工厂里生产住宅的国家。早在 1968 年，"住宅产业"一词就在日本出现了。住宅产业是随着住宅生产工业化的发展而出现的，通俗地讲，就是像制造汽车一样建造房子。工业化住宅就是采用工厂集中预制生产部件、现场组装的方式代替过去手工业生产方式分散在现场建造的住宅。工业化住宅的特点是住宅的建筑体系标准化、构件生产工厂化、部品集成化、施工机械化、生产销售一体化。

工业化住宅大推进

○"二战"以后，和欧美各国一样，日本的城市建设也百废待兴。工业化量产住宅的建设周期短又可以大量生产，一时间，各国都在进行工业化住宅的开发。日本的战后重建，到20世纪50年代前期基本完成，大量农村人口涌入城市，在造成城市住宅供应不足问题的同时，又使人口集中在了相对狭小的地域里，这给工业化住宅的量产提供了机会。住宅生产逐渐企业化，出现了如大和住宅、积水住宅、松下住宅、三泽房屋等大型住宅生产企业。

○ 日本政府也非常重视工业化住宅的开发，使日本成为了制定与住宅建设和住宅产业发展相关的法律最多的国家。他们从1955年开始实施"住宅建设十年计划"，20世纪60年代还制定了"住宅建设工

包月 / photo courtesy

业化基本设想"，并于1966年颁布了"住宅建设计划法"。

○ 为了引导产业的发展，1950年，政府全额出资，建立了住宅金融专门机关"住宅金融公库"，开始了长期低利润的住宅融资，为个人买房提供帮助。第二年，制定了"公营住宅法"，"公团"是日本政府为

建设国家事业而出资建设的特殊法人，地方公团可以依靠国家的补助金，建设面向老百姓的租赁房屋。另外，1955年，为解决大城市住宅不足的问题，开始了公团住宅的建设。金融公库与住宅公团、公团住宅被称为日本住宅经济的三大支柱。

像造汽车一样造房子

包月 / photo courtesy

○ 在日本工业化住宅发展初期有以轻钢为结构主体生产的预制住宅（大和、积水、松下），也有木结构的住宅（三泽）。20世纪60年代后期，随着日本经济的突飞猛进，大量的资本涌入住宅产业这个新兴行业，竞争逐渐激烈起来，企业们开始尝试用新建设方法来改善这种局面。如单元整体浴室设备这样的室内装修部件被开发出来，并成为预制住宅企业独有的住宅构件，这种整体浴室设备会配备好一套浴缸、洗脸台、马桶，而不用单独去安装。

○ 20世纪70年代积水住宅开发了独立住宅单元构造法，也就是将在工厂建好的组件拿到施工现场装配

成的住宅。这种住宅虽然方便，但缺乏灵活性。20世纪90年代，针对"sick house症候群"或称"病态建筑症候群"，"健康住宅"的理念出现了。现代工业化住宅通常气密性很高，在房屋新建、装修之后，建材释放的化学物质会污染室内空气，"sick house症候群"指的就是对被污染过的室内空气产生各种不适症状的人群，"健康住宅"就是通过建材、建造方法的改良，来减轻甲醛以及挥发性化合物（VOC）对身体的危害。另外，随着家庭结构和代际关系的变化，住房结构也必须随着功能变化而改变，由此发展出的KSI住宅体系就是可以灵活解决这一问题的方案。KSI住宅是

将骨架S（skeleton）和内装I（infill）分开，在只有骨架的房屋内部可以自由填充内装物，因此能应对不同的生活形态。

○ 进入21世纪后，"低能耗经济增长"和"能源供需平衡"成为人类面临的重大环境课题，日本住宅企业也纷纷将从自然界中获得的可再生的、洁净的自然能源或者开发利用新能源作为住宅开发的竞争重点。比如，积水住宅开发的Green First ZERO就是通过提高住宅的断热性和先进的节能设备来减少能源消耗，同时通过太阳能发电等可再生资源的利用达到能源消耗量为0，同时还能保持能源收支的平衡。

造房子的人

包月 / photo courtesy

○ 日本住宅产业的参与主体主要有三大类:

住宅工团 (半政府、半民间机构)

○ 住宅公团现在已经不存在了,但作为一个特殊的法人组织,在日本住宅史上有着举足轻重的地位。1955年成立以来,设计了63种标准的住宅样式,完成了木结构、钢结构和混凝土结构住宅的试制,普及了住宅的标准化单元。他们所设计的标准化住宅形态影响至今。

都市再生机构 (半政府机构)

○ 又叫UR都市机构,2004年7月1日,由旧都市基础整备公团和旧地域振兴整备公团的地方都市开发整备部门合并而来。1981年成立的住宅都市整备公团是其前身,这一时期,已经进入了住宅由量到质转变的时期,都市公园作为整备的一环被大量建设。1995年发生了阪神大地震,住宅都市整备公团兴建了2万户复兴住宅,为受灾地重建发挥了极大的作用。现在的都市再生机构也是为提高人们的都市生活环境在活动,包括租赁住宅的提供、城市环境的改善等。

民间企业

○ 日本有许多参与住宅建设的民间企业,有一些颇具规模,包括供应商,如积水、大和、松下、三泽、丰田等;和建造商,如大成建设、前田建设等。

以下对主要民间企业做简要介绍:

名称	住宅建设数目	企业背景
积水住宅 Sekisui House	200万户 (截至2010年)	1960年 作为积水化学工业株式会社的住宅事业部成立,总部位于大阪 1961年 设立滋贺工厂,开始B型住宅的开发建设 1971年 上市 2012年 住宅贩卖总数达45,098户,居日本全国第一
大和住宅 Daiwa House	132万户 (截至2000年)	1947年 在奈良成立 1959年 出售日本首个装配住宅"Midget House" 1961年 开始涉足钢结构住宅和厂房、仓库、体育馆等公共设施
三泽房屋 Misawa Home	122万户 (截至2001年)	1962年 开始营业 1967年 正式成立三泽房屋 1968年 建设南极昭和基地大部分房屋,其中一部分被带回东京,现在在东京三泽房屋综合研究所展示 2010年 坚持包豪斯的设计风格,截至2010年连续21年获得"Good Design奖"
大成建设 Taisei Corporation	115万户 (截至2002年)	1887年 大仓喜八郎的有限责任日本土木会社成立 1946年 财阀解体,分离出大成建设 1960年 开始建造大型酒店、大坝等大规模公共项目 1969年 进入住宅市场,以高性能住宅建设而备受关注

"家"的4S店：住宅公园和展示场

○ 百闻不如一见，为了让购房者体验住宅建成后的样子，避免出现成品与预想不同的情况，日本的大型住宅建造商都会把工业化住宅放在住宅公园和展示场内，完全开放地供购房者参观，这种做法通常只用于独栋住宅。住宅公园和展示场会设在海边或工厂的旧址，商品目录般地展示样品房，这些样品房的外观和内部都会和建成后一样。同时还会介绍材料、技术等，并把地板和墙壁的部分切割下来，让购房者检查品质的优劣。在购房者决定好购买哪一件之后，厂商即与他订立合同，支付首笔款项。很快，工厂就会派人到现场浇筑地基了。从订货到建成一般需要40～50天的周期。

○ ABC HOUSING住宅公园是由朝日放送株式会社（ABC）运营的住宅展示场，目前在近畿地区有16处，关东地区有8处，在这24处会场中，有近350栋独户样板住宅在展示。每一处展示地会设1个主题，有的是以注重健康和地球生态环境的"LOHAS的生活方式"为主题，有的是以最新的住宅设备为卖点的"舒适的生活"为主题，等等。像主题公园一样，住宅公园内也有散步道、玩具等，还会定期举办活动。

○ 近畿地区最大的展示场是位于大阪吹田市的千里住宅公园，坐落在大阪万博公园旧址，面积和甲子园球场差不多大，达到了36,400平方米，有20几家住宅生产商，包括住友不动产、住友林业之家、积水住宅、三菱地所之家、丰田之家、大和之家等的样品住宅在展。

○ 千里住宅公园的主题是"环境共生住宅"，太阳能发电住宅、全电化住宅（烹饪、热水、空调所需能源全部用电能供给的住宅）、长期优良住宅（抗震、节能、耐久，有相当住宅面积和良好的居住环境的住宅）等都可以在这里找到，这里不仅是给购房者提供购房参考的地方，也是学习和理解住宅文化的地方。

1."ABC HOUSING" 大阪吹田市的住宅展示场
Takato Marui / photo
2. Sekisui Heim 积水化学工业住宅 peach-killer / photo

青山周平 / text 陈玉英 / translate 无印良品 / photo courtesy

生活创造家MUJI
的住宅提案

对于无印良品的狂热粉丝来说，初次游玩东京，首先应该去的地方也许不是涩谷、银座或者六本木，而是有乐町。因有乐町有无印良品全球最大的店铺，在那里可以找到无印良品的所有商品，对粉丝而言如同圣地。

在店中，展示着大量家具等大型商品，就算是没有购买的打算，也可以转一转。店内，最大的商品是"家"。从第一层乘电梯上到第二层，和实物同等大小的两层建筑"无印良品之家"即展示在那里。在这个家里，厨房、楼梯、浴室等当然不用说了，沙发、柜子等家具也整齐地配置，简直就像来朋友家玩一样，可以随便看看家中摆设。那么，为什么无印良品要制造"家"呢？

控制自然光线使其柔和地射入

○ 日本的住居种类可大体上分为独门独户式和集合住宅。在全日本独门独户住宅共计2,745万户，日本的总家庭数约5,000万，所以2人中就有1人居住在独门独户式的住宅。

○ 现在日本住宅共有多少户呢，把集合住宅包含在内约有5,760万户。也就是说，住宅数超过家庭数的15%，全日本共有约756万户住宅是空房。

○ 日本住宅的另外一个特征是与其他国家比起来寿命明显较短。英国的住宅寿命是141年，法国是85年，德国是79年，美国是103年，而日本的住宅寿命只有30年。平均计算，日本全国的住宅每30年就要全部重建一次。

○ 20世纪50、60年代是日本的高速成长期，东京、大阪等大城市周边建设了大量的住宅。千里新镇、多摩新镇等巨大的街区在大都市的郊外接二连三地建起，成为从地方来的上班族及其家族的新住所。因为要在短期内供给大量住宅，多数的住宅是基于平均化的典型家庭形态建设的。这就是所谓的"nLDK"。所谓"nLDK"，"n"表示家族成员的房间个数（夫妇卧室＋孩子房间)，"L"是家族共用的空间（起居室），"KD"代表厨房＋餐厅。比如说，有一个孩子的三口之家，对应1LDK的户型，4个孩子的话是2LDK的户型。这种设想的家族一般是针对有一个或者两个孩

子的夫妻，也就是核心家庭。

○ 这种"nLDK"模式诞生于20世纪50年代，已经经过了60几年的时间，但现在日本的住宅大多数还是以这种模式化的"nLDK"模式为基本而建设的。

○ 还有，为了保证建设速度，不太考虑地区的文化、气候差异等因素，以至整个日本都建成了相似的户型、相似的住宅。

○ 在多样化的现代社会，家族形式也相应地急速多样化了。以前设想的"丈夫在市里工作，妻子做家庭主妇，有两个孩子"这种典型的核心家庭在现代社会的意义正在逐渐减弱。现在的家庭形式和居住样式变得极其多样化，如开始工作的孩子们离家之后只剩下高龄夫妇的家庭、没有孩子的夫妇、离婚后母亲一人抚养孩子的家庭、和高龄父母一起居住的2代家庭、单身家庭、和好朋友一起住的团体家庭等，按照以往的"nLDK"模式建设的住宅已经不能应对了。

○ 这样，随着时代的变化家庭形式也急速变化，住宅按照原来模式化的"nLDK"形式建造的结果是，导致家庭生活勉强地适应住宅的分割这种本末倒置的情况发生。

○ 可是，回顾历史来看，这种"nLDK"模式被导入进来是在20世纪50年代高度成长期，日本过去的

住宅是自由、柔和且多样性的。

○ 因日本列岛南北细长，被海洋包围，有很多山脉，地形较为复杂，因而各地区气候差异很大。太平洋一侧夏秋季受梅雨、台风影响，多雨而闷热；冬季多为晴朗、干燥气候。日本海一侧夏季气温不是很高，凉爽舒适，但冬季强寒流进入，大雪较多。这样，过去各个地方的日本民宅对应不同的气候特点使用不同的土地的素材和技术建造。以前日本的典型民宅是正方形或者长方形的"田"字形区隔，除此之外有被称为"土间"的房间。土间比其他房间下沉一截，地面没有铺榻榻米，有做饭的灶台，有的也饲养家畜。家中基本没有墙壁，房间和房间之间简

单地用纸隔扇或纸拉门区隔。有红事白事等很多人聚集的时候，打开纸隔扇或纸拉门可以作为一个大的空间使用。面向庭院有绿化带，在这个室内和室外中间的地方休息，做编织物等作业。并且基本上夏天闷热时期也可以舒适地度过，通风良好。相反，冬季时节习习的寒风吹入屋中非常冷，但房间中心有个取暖炉，一家人自然地聚在取暖炉边度过。

○ 日本社会已进入成熟时代，重新审视自己生活的时期已经到来。一味地追求高度成长和物质丰富的日本人，看看自己的现实生活还算不上丰富。日本人自古以来就拥有简洁、简单、别致和洁净的文化传统，也拥有对于生活的规范和审美意识。可是，随着经济的高度发展，物质丰富成为了生活丰富的评价指标。工作也成为了至高无上的目标，导致和家人一起度过的时间越来越少。

○ 现今日本人口负增长、老龄化严重、单身生活一族增加，在这样的时代思考构建什么样的未来生活样式，按照和以往不同的新的常识考虑日本住宅就显得尤为重要。这个专栏介绍的3个无印良品之家也就是从这种想法出发而创造出的商品。

○ 2004年开始的"无印良品之家"项目发展到现在无印良品销售的住宅有"木之家""窗之家""清晨之家"三种。除了北海道和冲绳，在日本大部分地区都能施工建设，自项目开始到2012年12月，共计建造了600户。

○ 无印良品的商品品目合计有7,500种，有小物件、厨房用具、衣服、文具及家具等所有和"生活"相关的东西，家是囊括这些商品的容器，也就是所有商品的集中营。"木之家""窗之家""清晨之家"三种家的共同的理念是："我的家，是世界上唯一的。"这句话里面包含一种思想：居住形式不是建筑决定的，居住者用每日生活的点滴积累来经营自己的居住空间，用自由的创意灵活地改变使用方法。

○ 具体说来，这种形式和以往的"nLDK"间隔划分不同，家的平面布局整个做成一个大的房间，居住者能够根据需要用家具、简单的墙壁进行区隔。需要有孩子的房间时打上隔断墙，相反孩子离开家独立生活时，取掉隔断墙又变成一个大空间，区隔变更非常简单。和无印良品其他产品一样，家的设计也非常简约，比起可视的装饰、装备，更追求功能性和简洁的形式。这样的设计形式受到广泛好评，3种家都获得了日本每年评选的"Good Design"奖。

○ 在无印良品之家的主页上刊载了3种家的详细介绍、可实现的建筑区隔、价格等信息，还有很多的施工案例介绍图片，其中有一个片段是"与家相会"（http://www.muji.net/ie/ieniaini/)。这个短片中企划了一些作家及设计师等名人拜访实际购买无印良品之家的家庭，介绍了11个家庭及其生活。同样是无印良品之家，生活方式、家的使用方法却完全不同，令人震惊。

○ 原本是介绍家这一商品的主页，登载的照片却几乎都没有只拍摄房子，而是重点介绍家人的兴趣爱好、在家里生活的情形。虽然是同样平面布局的家，但因生活在其中的人不同，具体情况也不同。这些照片表现出居住者愉快地享受着日常生活理应被满足的要求、追求。由此我们可知，对于无印良品而言，打造家，并不是为了贩卖家这一商品，而是提供融入这个家中的生活及其产生的各种各样的家庭经营样式。那么，接下来我们略微详细地看一看现在无印良品正在市场上销售的3种类型的家吧。

"木之家"

○"木之家"从2004年开始出售，由东京大学名誉教授、建筑家难波和彦设计，是无印良品之家最初的类型。从小到大，共考虑了20种不同大小、80种空间区隔形式，设想在郊外稍微广阔的用地上建造。难波教授不是专为无印良品设计的"木之家"，他自己的设计事务所一贯以来设计的就是"箱之家"系列住宅。以大的雨搭为特征的"木之家"，只有一个大房间，有平面应用变化的灵活性，很好地导入自然光和自然风，具有良好的保温换气系统，在"箱之家"系列的基础上，凝聚了难波教授数十年来坚持发展的各种构思。乍一看简单而质朴，其实在结构、节能、环保及IT等方面都是集各种先进技术于一身的高科技住宅。

○家的中心有一个大的挑空空间，所有的房间都和挑空空间连接，所以无论在家里的何处，都传达着"家人在做什么呢"这样的氛围。大的雨搭下面的空间，做成了一个传统日本民家常有的绿化带一样的、既非室内也非室外的舒适空间。

1. 从空间设计到家具与收纳品全部按照统一的基本尺寸，满足居住与生活的需求，又不浪费，有"刚刚好"的感觉
2. 在"木之家"的空间中，可以编辑自己生活的细节，适应个人的需求
3. "木之家"的中心只有一个大的挑空空间，所有的房间都与它相连
4. 如传统的日本民家，"木之家"将自然光和自然风导入室内
5. "木之家"具有良好的保温换气系统

"窗之家"

○ "窗之家"自2007年开始出售，由东京大学教授、建筑家隈研吾设计。与"木之家"相比稍小一些，是主要针对都市的较小地块、紧凑而精炼的都市住宅。白色的外墙、三角屋顶非常简单而别致。如这个商品的名称一样，这个家的最大特征是"窗"。"窗之家"的窗户设计简约、窗框材料是木材，室内的窗框也是埋入墙壁隐形的，从室内向外看时，犹如图画一样美妙地截取室外风景。

○ 回头看窗户的历史，西洋的窗户和日本的窗户的区别显而易见。西洋的建筑，由石材和砖建造，空间幽暗，为导入室外的光和风，在厚厚的墙壁开一小孔，这就是西洋窗户的初始形态。相反，日本

的传统建筑没有窗这一部件。日本的建筑是由细的木柱和梁支撑，遮挡视线的"墙壁"根本就不存在。因为没有墙壁，当然也就不需要窗户了。日本建筑的"窗户"不像西洋建筑的窗户那样是为了通风和采光而在墙壁上开孔，而是为了像绘画一样截取室外美丽的自然风景融入室内，举个例子来说，就像是相机的摄像头。

1. "窗之家"是建筑家隈研吾设计的三角屋顶的白色房屋
2. 日本的窗户不像西方建筑是为了采光与通风，而是为了像绘画一样截取室外的景色
3. "窗之家"还采用了高性能的外断热工法，使室温维持在舒适的范围
4. 室内采用的无垢木材，在空气湿度高时能吸收水分，空气干燥时能释放水分，起到了天然的空气调节作用

"清晨之家"

○ "清晨之家" 在2009年由建筑家川元邦夫设计，是无印良品之家系列中最新的。它的设计理念是 "无论何时何地无论谁都能接受的设计"，是无印良品之家中最简约的，彻底免除浪费，最小限度地收纳生活必需品。这种像箱子一样的家，比起 "木之家" 和 "窗之家" 价格最便宜。

○ "清晨之家" 的另外一个特征是动线规划。在这个家中，孩子回到家去自己房间之前必须经过一层的客厅。日本很多住宅，包括集合住宅在内，平面布置都是经过玄关或者走廊、楼梯，直接连接孩子的房间。这样的平面布局，在厨房或者客厅的家长难以知道孩子是否回家了，从外面回来的孩子的样子、来玩的朋友的样子也看不到。家人之间的会话沟通不畅通，容易变得各自孤立。

○ "清晨之家" 在平面布局上动脑筋，将这些问题解决得很好。

5. "清晨之家" 由川元邦夫设计，是无印良品之家中最新、也是最便宜的
6. 木制的窗框巧妙地埋入墙壁
7. "无论何时何地无论谁都能接受的设计"
8. 在平面布局上 "清晨之家" 巧动心思，使家人之间的沟通更加畅通

7

8

以"窗之家"为基础的无印良品之街

2003 年"MUJI+INFILL renovation"项目

○ 如果你是无印良品的粉丝，那么读到这里，是不是无论如何都想要个无印良品式的家呢？那么如何置备无印良品式的家，心里满意的价位是多少？首先，简单总结一下从你有购买无印良品式的家的想法，到实际入住的过程吧。

1. 考察样板间，同时找建筑地点。
2. 与无印良品设计师初步商谈（预算、建筑风格等）。
3. 由无印良品报出概算费用和计划。
4. 建筑用地申请。
5. 深入商谈。
6. 定方案，正式报价。
7. 签订正式合同。
8. 详细设计商谈（柜体高度、开关位置等）。
9. 施工图定稿。
10. 建设确认申请。
11. 开始施工。
12. 施工结束，交付检查。
13. 入住。

○ 通常，如果没有大问题的话，建筑工期在 4 个月左右。从最初的商谈到签约，需要 1.5 个月。从签约到施工开始，需要 2 ~ 3 个月。因此，从商谈到建成，一般需要 7 ~ 8 个月的时间。

○ 关于无印良品之家的价格。通常，住宅价格核算比较复杂，想装修成什么规模的住宅，价格多少没有精细计算是得不出结论的。但是，无印良品之家，无论是文具还是餐具等其他的商品都贴着价格签，每个家的基本价格很清晰地标注着。比如说，"木之家"最基础的平面（2 层建筑，82 平方米）的本体价格约 122 万元，"窗之家"最大的平面（2 层建筑，132 平方米）的本体价格为 164 万元（这仅仅是建筑本身的土建价格，土地、基础工程、电器、外部工程、家具、花园等费用不包括在内）。概算下，无印良品3 个家的本体价格约 13,500 元 / 平方米。

○ 那么，这个价格与日本的其他住宅相比，贵还是便宜呢？当然，城市和农村的价格不同，很难简单比较。但是，从大范围看，无印良品之家比一般住宅要稍微贵些，但是比起知名建筑公司，可以说是稍微低价的。无印良品之家的目标消费群锁定在30 岁后半、年轻的、追求自己生活空间的人群，这个价格设定可以说是比较合理的。

2003 年 "MUJI+INFILL renovation" 项目

○ 自2004年"木之家"推出以来，无印良品推出了3个无印良品之家工程，那么今后要如何推广？无印良品不追逐潮流，只是完全保守于本质创意设计，保留着最开始的3种趣味浓厚的建筑风格，因此现在除了已有的3种家之外，好像没有新品推出的计划。

○ 第一个项目是"无印良品的集合住宅"。自2007年开始，日本房地产开发商大家的三菱地产和无印良品共同开发了体现无印良品概念的新型集合住宅项目。到2012年以千叶县为中心，已经完成几处项目，这个设计本身是集合住宅，同时亲近自然，并且可以自由布局，充分发挥了无印良品之家的设计理念。

○ 第二个项目是自2009年开始的"无印良品之街"。这个项目借助千叶县的自然风光，以"窗之家"为基础建成街道。一期有22户"窗之家"达成销售。通常，在日本其他的地方像这样的住宅，住宅与住宅之间、住宅与马路之间都有围墙，形成独立封闭的小区。这很多见。而无印良品之街去掉围墙，让住宅之间成开放式，这是最大的特点。因此，同以前的郊外住宅不同，住在这儿的人们亲近自然，相处融洽。这种创新尝试的郊外住宅受到好评，这个项目也获得2010年度的优秀设计奖。

○ 第三个项目是由无印良品和独立行政法人都市再生机构（UR）共同发起的"MUJI×UR小区改善工程"。都市再生机构是1955年成立，由日本住宅公团发起的，在经济高速成长时代，供给都市住宅的政府关联组织。之后，由于新建工程减少，现在更

名为都市再生机构，主要从事针对已建成合计约76万户的集合住宅的管理运营等工作。

○ 在经济高速成长期涌现的小区建筑，房龄超过50年，很多已经开始老化。此外，当时建成的小区房间狭窄，"nLDK"布局也不能满足现在多样生活的需要，公共空间不足，现在想住的人越来越少，空巢开始出现。无印良品与UR共同开展的建筑改善工程，就是想解决这样的状况。这就是小区改善工程项目。

○ 现在，大阪府正在进行3处小区的改善工程项目。具体工程是将狭小房间墙壁拆除，改成开放式房间。2个住宅之间的墙壁拆除，改成一处住宅。住宅中追加了办公场所和小区共用场所，这样的方式俨然和无印良品之家的概念很类似。另外，不仅仅是建筑本身的改善，积极开展小区内居民之间的交流会和活动，加强居民之间的沟通。现在日本全国，有大量与此类似的小区存在，相信今后各地也会有新的改善工程项目出现。

○ 重新回顾无印良品居住空间方面的产品，2003年就有一个改装公寓房间的"MUJI + INFILL renovation"的项目。从2003年开始到现在，小房间改装、无印良品之家、无印良品集合住宅、无印良品之街，项目的规模越来越大、越来越复杂。

○ 无印良品的商品总数从1980年开业之初的40种增加到7,500种，关于居住空间的组合也由"从家到家"进化到街区的形式多样化发展。所有的商品都共同地表现了无印良品对于"生活"的思考。

丁一可 / editor SPEAC inc. / photo courtesy

[Feature]

东京 R 不动产：发现和传达房屋的价值

书籍封面：《东京 R 不动产》2006 年 Aspect 出版

东京最有趣的不动产

○ 东京 R 不动产并不是传统意义上的房产中介。它是以新的视点发现和介绍不动产的网站，同时也是一种新形式的不动产媒体。

○ 共同创立东京 R 不动产网站的马场正尊、林厚见、吉里裕也三人都毕业于建筑系，尽管有着不同的性格、价值观和经历，但他们都没有选择就职于建筑业界的既定路线。和志同道合的同伴一起，将从内心想要做的事情当作事业，并且让社会更加富足，是他们共同寻求的"理想的工作方式"。

○ 2003 年，他们创立了网站"东京 R 不动产"，最初并没有具体的事业企划，但是有一个确定的信念——将"建筑"这件事物真正的价值充分地传达给世间。如今，东京 R 不动产是日本全国访问量数一数二的不动产网站，而且不仅东京，R 不动产已经扩展到了大阪、神户、金泽、福冈等多个地区。

○ 东京 R 不动产的运营机制颇为新颖。网站运行成员包括建筑师事务所 Open A 的创立者马场正尊、株式会社 SPEAC 的共同创立者林厚见和吉里裕也，以及编辑事务所 Antenna 的创立者安田洋平。网站的运行建立在建筑设计、不动产和媒体三个领域的专业性之上。网站所有者株式会社 SPEAC 是 2004 年由林厚见和吉里裕也共同创办的，除了东京 R 不动产网站的运营之外，公司业务还涉及建筑设计、不动产咨询、不动产中介以及房屋翻修等多个方面。

发现房屋隐藏的价值

○ 每个人对房屋有不同的需求和执念。有人想住在干净有气氛的老房子里，有人想把仓库一样的房子变成办公室，有人不在乎面积大小但注重设计……东京R不动产认为这些都是可以实现的，只是那些有着特殊优点的房子，通常都被埋没在排山倒海的房屋信息里了。

○ 其实，东京藏着无数有魅力的好房子。

○ 所以东京R不动产所做的事情，就是从庞大的不动产市场中挑选出有价值的房屋，并在网站上介绍。在满足人们对房屋的奇思妙想的同时，也是对房屋本身价值的发掘和探索。

○ 打开东京R不动产的主页，会发现这里的房屋检索条件不同寻常。类似于"有复古的味道"、"景色GOOD"、"像仓库一样"、"建筑师作品"这种有情调的检索条件，是东京R不动产的特色。网站上介绍的每一个房屋，除了价格、详细的建筑信息等基本信息之外，还有讲述房屋的故事和评论其特点的文章。文章配有屋内外环境的照片以及房屋构造平面图，整体呈现的效果就像是一篇杂志上的报道。

○ 关于房屋的挑选条件，东京R不动产的说明是："并没有什么特别的标准，个人觉得好的，以及能够吸引人的房屋都会介绍。但是有一个不会挑选的标准，那就是到处都会有的、像商品索引信息里介绍的那种房屋。"

○ 作为一个不动产"媒体"，东京R不动产也在网站上发表入住者报告和各种不动产的相关讯息，并且出版了《东京R不动产》《东京R不动产2》《住在团地吧！东京R不动产》《toolbox为了家的编辑》等多部书籍，向大众提供了丰富的不动产情报和崭新的观点，的确是名副其实的不动产媒体。

東京で一番、「面白い」不動産屋、拡大中！
楽しく暮らす・働く、賢く買う、エリア再生、
二拠点居住、店を開く、ビルを手に入れる…
東京R不動産7年分の面白ノウハウ大公開

real tokyo estate　　　　　太田出版

書籍封面：《东京R不动产2》2006年Aspect出版

real tokyo estate
東 京 R 不 動 産

有复古的味道

景色GOOD

在水边或绿化很好

别墅或海外房屋

可以养宠物

改装OK

独栋的建筑

很划算的房屋

天花板很高

"东京R不动产"的
logo和房屋检索条件图标

建筑师作品

有附加的赠品

像仓库一样

有屋顶平台或露台

出售的房屋

toolbox:
编辑房屋的工具箱

○ 东京R不动产的房屋介绍以二手房屋为主，因此房屋翻修也是一个重要的关联项目。翻修不是简单的房屋改装，从R不动产的理念出发，翻修是发掘和展现房屋新价值的重要途径。"翻修对我们而言并不是原本大家所说的那个概念，而是更加聪明、愉快地生活的方式。从这个意义上来说，翻修在东京R不动产的理念中占据着中心位置。并且考虑到今后日本住房的发展趋势，翻修也是很有前景的一个领域。"

○ R不动产toolbox就是R不动产为房屋翻修者提供的一个"工具箱"。toolbox认为，"家"这件物品应该是十人十色的，应该能从中看到居住者的个性和喜好，因此toolbox主张住户自己动手，自由且持续地"编辑"自己的家。而toolbox就是帮助住户"编辑"自己家的工具箱。

○ toolbox采用网店的形式，但并不是单纯地出售物品。在这个工具箱里，用户可以找到从创意到服务的各种得力工具：挑选别具一格的建筑材料或创意家具，委托专业施工队粉刷墙壁或安装地板，请艺术家来为自己的家创作壁画……这些有"人"参与的"工具"便是toolbox最大的特色。

○《知日》请R不动产toolbox推荐了10件优秀的"工具"，好让我们近距离接触这个新奇的工具箱，探寻它的魅力。

toolbox 推荐 10 大工具

○ **工具 1：天花板解体**

日本房屋里的天花板通常都偏低，这样的环境叫人心情不舒畅。天花板提升军团的任务就是尽可能地把天花板升高。木造、铁造或是钢筋混凝土造，公寓、办公室或是店铺，无论在怎样的强敌面前，天花板提升军团都会专注地完成任务。

○ **工具 2：Noritake 的壁画**

Noritake 在给日本杂志和广告绘制插画的同时，也开展海外事业和个人展览等活动，是一位活跃的插画家。Noritake 根据空间的整体状况，以简单线条在墙壁上描绘出的画面，让空间产生出一种童话的氛围。

○ **工具 3：旧木材书架**

以旧木材和铁板组成的书架，可以将书籍按照类别收纳，方便书籍检索。这是书籍管理专家内沼晋太郎自家的书籍收纳法，而这个书架的设计者是建筑设计师田中裕之。

○ **工具 4：DIY 支援**

想要 DIY 房屋的时候会遇到很多问题，比如不知道如何操作、不知道用什么工具。多功能施工团队 Handi House Project 的四个人，可以提供刷油漆、安装地板等 DIY 的支援。与客户一同进行设计和施工是他们特殊的做事风格。

○ **工具 5：脚手架木板地面**

脚手架木板，就是工人们高空作业时所使用的木板，带着污迹和划痕，还有铁钉和油漆的痕迹。把脚手架木板当作素材来铺装房屋的地面，尽管有些不清洁感，但这种不经加工的原始感和有历史的复古感是新木材所没有的。

○ **工具 6：铁质感涂料**

在欧洲，用锻铁制作的门窗非常有名。这种从德国进口的涂料，原本是用来修补锻铁制品的，它可以涂抹在铁、铝、木材和塑料等多种材质上，赋予物品铁的质感，创造出独特的氛围。

○ **工具 7：可预订尺寸的桌腿**

我们常常想要与房间完美匹配的家具，但是很难买到正好合适的尺寸。桌子是一个典型的例子。这件桌腿或者说桌架商品可以预订不同的尺寸。简单地由方形钢管焊接而成，没有繁冗的设计，并且可以自由搭配桌面。

○ **工具 8：大理石 / 陶器门把手**

大理石和陶器都有着独特的纹理和光泽，加上与铜和黄铜的结合，经过岁月的积累，会渐渐带有耐人寻味的质感，也让整体空间染上高雅沉稳的色彩。

○ **工具 9：工业系照明器具**

仅仅一个照明器具，就能瞬间改变房间整体的氛围和印象。像工业制品一样毫无修饰的灯具，带有浓重的实用主义色彩，并且具有十足的存在感。

○ **工具 10：滞销的壁纸**

这一批壁纸是 20 世纪 50 ～ 80 年代在欧洲生产的滞销商品，有着旧时欧洲特有的鲜艳色彩和花纹设计，还带有独特的触感和气味。这样的素材用来打造个性的空间再合适不过了，贴在墙壁上或是家具表面都是不错的想法。

工具 1

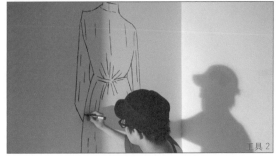

工具 2

工具 3

工具 4

工具 5

工具 6

工具 7

工具 8

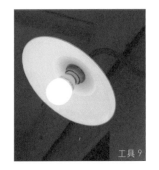

工具 9

工具 10

房屋翻修实例

○ 这个翻修案例的委托者是一对带孩子的夫妇。他们利用toolbox的物件，对买下的二手房屋进行了翻修。

○ 这次翻修的主导者不是设计师，而是委托者本人。房屋的布局和玻璃隔间的构造，都是委托者想法的具象化。地板的素材、厨房的木材和书房的书架木板等等也都是他们从toolbox中选择的。tool-box的网站上，所有材料费和施工费用都是公开标价，

委托者可以根据预算来选择工具。主导权从专家移交给居住者本身，体现了toolbox的理念——由居住者来编辑自己的家。

○ 并且，这次翻修不是针对房屋全体，而是仅仅局限于客厅和书房。这个方式也正是toolbox所主张的。不是一口气改变全体，而是一点点地给自己的生活方式注入新鲜的变化，将"家的编辑"这件事情持续地进行下去。

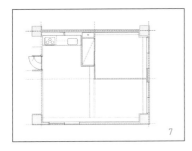

7

8

1. 翻修前客厅整体的样子，客厅与书房
   之间是白色的墙
2. 翻修后客厅整体的样子，客厅与书房
   之间变成了透明的玻璃墙
3. 翻修前的客厅
4. 翻修后的客厅
5. 翻修前的书房
6. 翻修后的书房
7. 翻修前的平面图
8. 翻修后的平面图
9~11. 翻修完毕后居住时的样子

10

11

如铜版画般记录下所有痕迹的家

紫野之町家改造 | 专访

设计	究建筑研究室（柳泽究）
设计时间	2010年12月~2011年4月
施工时间	2011年5月~2011年11月
构造	木造
规模	二层建筑
建筑面积	74.3m^2

○ 历史沉淀的痕迹、时间流逝的感觉……往往是旧房改造时必须考虑的要素。"紫野之町家改造"的委托方是一对跨国夫妻——来自加拿大多伦多的丈夫Bryn Dyment和日本大阪的妻子乡田。他们已在美国居住了约20年，因为养育孩子，便搬到日本定居。他们决定，在日本定居的话就要选择京都，在京都，要挑选有历史感的房子。经过一年时间的寻找，他们买下一座京町家，并委托究建筑研究室进行改造。"事物一旦被破坏，便无法再还原，所以我们想尽可能留下古老的东西，并将它们和新的要素适当地融合起来。"铜版画家乡田提到，希望能拥有一栋如铜版画般记录下所有痕迹的家。

○ 这座位于京都市街北部的京町家始建于昭和10年（1935年），后经过至少三次改造。在Dyment夫妇买下之前，这里已闲置了十年。对创立于2002年的究建筑研究室来说，这个项目是个不小的挑战。柳泽究决定，将改造的重点落在"整理"上面——对每个阶段的改造进行整理，使之变为适合新生活的场所。为此，他们使用了4种方法。

○ 一是对已损伤部分的修复和加强，主要进行的是防震方面的改造；二是让时间的积蓄感通过空间来体验，在各个时期的素材和形态之间取得平衡；三是建造作为中间领域的房间，让视野得到延展；四是增建服务性空间，比如洗手间、厨房、浴室等，并在窗户很少的母屋里建造白色墙壁，以增强室内采光。

○ Dyment夫妇为改造后的房子取了个名字，叫"TIMELINE Machiya"，这个名字中蕴含着"继承从过去而来的时间之流"的概念，他们认为，从解体到改造完成的这半年间，施工现场频繁的讨论、对如何改造各个部分所花费的心思等，都构成了这栋房子的时间轴。

改造前后对比．大厅

柳泽究（"紫野之町家改造"建筑师，一级建筑师）

从起居室看向和室。和室原有 6 叠，改造后缩减至 4 叠半，空出来的 1 叠半作为外廊和书斋

从和室看向起居室。在母屋的外面，起居室作为中间领域通往庭院，让视野得到延伸

○ 知日：关于住宅类设计，可以谈谈你的理念吗？

● 柳泽究：我注重这些事情：源于生活、永不过时、成为街道和土地的一部分、不依赖于设备、关注绿化，以及"家住久了才成为家"这个概念。

○ 知日："紫野之町家改造"与其他项目相比，最大的不同是什么？

● 柳泽究：改造一栋房子的时候，我们通常只留下骨架，一口气将其他部分全部拆解。但是，在这个项目的解体调查中，我们发现，这栋房子在 70 年间至少进行过 3 次改造。将重叠在一起的改造痕迹一点点拆解的过程，就好像抽丝剥茧一样精细，这是我至今为止从未做过的工作。我第一次花了这么长时间来处理一栋建筑。

○ 知日：改造这栋房子的过程中，你遇到最大的困难是什么？

● 柳泽究：我想将它改造成混合新旧元素这种丰富充实的作品，

改造前后对比：和室与外廊

希望人们能够从这栋房子的空间上体验时间的累积感。因此，究竟该解体到哪种程度，又该留下哪些部分，设计师、委托方、施工者都难以立下判断，在施工现场进行了无数次讨论。改造的半年间，我们几乎每周都要进行开会讨论，这真的很辛苦。不过也正因如此，我们最后实现了比以往更为纤细的解体和修缮。

○ 知日：你个人最喜欢的改造是哪部分？

● 柳泽究：将6叠的和室缩减到4叠半，然后将多出来的空间改造成外廊，并布置成书斋

○ 知日：关于京町家的保存和改造，可以谈谈你的看法吗？

● 柳泽究：京町家是传统民居。但我们除了关注它在内部空间上的魅力之外，还需意识到它是构成都市的基本单位，这一点十分重要。京都的历史性街区是以町家的集中建造为前提的，无论是建造新居还是改造旧居，我希望能谦虚地尊重这种既存街区的空间秩序。都市魅力之一就是时间

改造前后对比：餐厅

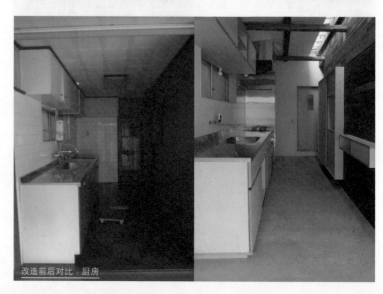

改造前后对比：厨房

的多层重叠性，我希望我的改造能将这种重叠性表现出来，并将这种表现加以强化。

此外，一说到町家，人们通常会想起屋檐或格子门窗这类表层的要素，但是其实，作为都市居住的"样式"之一，町家有着十分讲究的空间构成，只要稍加修改，就十分适于现代的生活。

乡田（"紫野之町家改造"委托方，铜版画家）

○ **知日**：当初为什么委托究建筑研究室进行设计？

● **乡田**：因为究建筑研究室一开始提交的方案完全超乎我们的预期。他们对空间的把握很有趣——町家的室内总是很阴暗，但究建筑研究室在采光方面下了很多功夫。

○ **知日**：你曾经说过，想要建造"如铜版画般记录下所有痕迹的家"，这是什么意思呢？这个目标最后达成了吗？

● **乡田**：在铜版画中使用的铜是非常纤细的金属，水和汗都可以腐蚀它。因此，在铜版上发生的任何事情都会被记录下来。我们的家经过很多次改造，留下了许多东西：印刻在柱子、窗棂、天花板上的痕迹，还有以前的印花玻璃和大门等。留下什么、去除什么，究建筑研究室都为我们进行了正确的判断。那些东西和这次改造后的部分以非常良好的形式共存。

○ **知日**：你们入住多久了，感觉怎么样？

● **乡田**：截至2013年7月，一共住了1年8个月。在京町家，我们可以发现室内有非常多的阴影，而其他的现代住宅里，墙壁都是平平板板的，感觉没什么意思。最喜欢的改造是设置在玄关附近的画室，因为这里是最能感觉到时间流逝的地方。

改造前后对比：起居室

改造前后对比：画室

入住后，Dyment 在庭院里种满植物

阁楼被布置得充满乐趣

Dyment 长女瑞丽

在餐厅装饰花的瑞丽

Dyment 长子龙玖

在餐厅看漫画的龙玖

兄妹俩在和室里看电视

兄妹俩在和室里吃饭

[Feature]

半岛渔村的复兴计划

"板仓之家corehouse"最小限度住宅

○ 牡鹿半岛位于宫城县东北部，三陆海岸的最南端，面朝太平洋。亲潮寒流和黑潮暖流在这一带交汇，形成了世界3大渔场之一的三陆冲。牡鹿半岛拥有独特的渔业风土，锯齿状的海岸线上散布着一座座渔村，堪称日本屈指可数的渔场。

○ 2011年3月11日，日本发生了东日本大地震，牡鹿半岛的一部分渔村被海啸卷走，受灾严重。据日本国土地理院调查，半岛比震前向东南位移了5.3米、下沉约1.2米。

○ 震灾发生之后，日本的建筑师们为了受灾地的复兴，成立了"东日本大地震建筑师复兴志愿组织（Archi Aid）"，开始展开复兴活动。到2013年3月，得到了以300名日本国内外建筑家为中心的赞同者的支持。

○ "板仓之家corehouse"是Archi Aid支援项目的一支，2012年8月，由东京工业大学的塚本由晴教授和筑波大学的贝岛桃代教授发起，他们植根于当地的地域文化，以最可能的实现方式在半岛上为渔民们构建未来的家。"板仓"是日本古代神社和寺庙的传统构法，筑波大学的安藤邦广教授20年来一直在实践，最终把这种简易而传统的构法运用在了临时住宅的建筑中。塚本和贝岛的工作小组在半岛的神社中也发现了这种构造，于是他们活用当地的森林资源，建造了传统而简朴的木制房屋。

○ "板仓之家"被叫作"最小限度的住宅"，也就是满足最基本需求的corehouse，在建筑基金有限的前提下，工作小组建立了两种户型，还为渔民们设计了开放的工作间和可以眺望大海的檐廊。

○ 去年12月，渔民们在半岛上看到了第一座"板仓之家"，工作小组组织了"板仓之家"的学习会，渔民们都说，能感觉到木料温暖的质感，房子内部有足够自己增建的空间，氛围很棒，同时也希望房子能够给自己带来安心感。

Archi Aid 主导下的住宅复兴项目"牡鹿半岛地震灾后最小限住宅板仓之家 corehouse"

"板仓之家"采用了当地丰富的森林资源,制造工法上也沿用了传统
神社的建造方法

○ 知日:能给读者介绍一下"板仓之家"吗?

○ corehouse工作小组(以下简称"corehouse"):
在渔村,渔业的复兴是最优先的,因此住宅再建的
资金有限。为了有效利用有限的补助金,我们发展
了最小限住宅,也就是corehouse,这是Archi Aid
提出的住宅增建计划,也是重振灾区人们生活的重
要环节。

"板仓之家"的内部

"板仓之家"的内部

○ 知日："板仓之家"的构想植根于当地文化，"板仓"具体说来是怎样的建筑呢？

○ corehouse：板仓构法是古代神社和寺庙等使用的传统工法，在牡鹿半岛也可以看到同样构造的神社。为了把这种构法应用到一般住宅中，筑波大学的安藤邦广名誉教授20年来一直在实践，在临时住宅中也运用了这种构法。在这种背景下，我们也采用了这种构法，目的也是为了活用当地的木材和传统工法，让当地的建筑公司和工匠们参与到复兴住宅的建设中，建设日本过去没有的地域复兴住宅，并维持下去。

"板仓之家"设计平面图与断面图

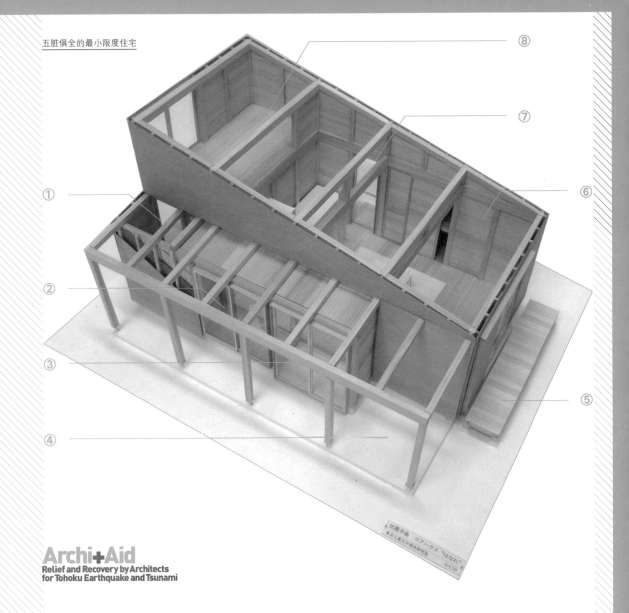

Archi+Aid
Relief and Recovery by Architects
for Tohoku Earthquake and Tsunami

○ 知日："板仓之家"复兴建设是如何成立的呢？

○ corehouse：我们向很多建材公司发出了请求，通过 PechaKucha Night 和 Archi Aid 的官方网站发出捐赠的请求，得到了很多建筑公司的帮助。另外，当地的居民也提供了建筑用地，为我们介绍了建筑公司，帮助我们运营上梁仪式和竣工仪式，还热心地为参观者提供向导。

○ 知日：居民们对"板仓之家"的反响如何？

○ corehouse：他们说木材的质感温和，芳香宜人。我们设计了两种户型，一种是占地44坪的分栋型，一种是占地24坪的田字型，而且希望入住田字型的申请人特别多，现在正在进行细查和估价。争取这个月内就能答复申请的居民们。

○ 知日：请问将来的企划、建筑规模是怎样的？

○ corehouse：接下来，我们将向申请人提供关于住宅的详细信息，接着委托建筑公司建设，以及支援确认的申请业务等。另外，我们也将提出用地内的建筑计划和建造聚落景观等构想。我们的这些愿望都会与居民和建筑公司协商，并逐一进行。

①	能从外面进入的盥洗室
②	在寒冷的冬天也能晒衣被的日光室
③	迎接来客的玄关
④	作为工作间空间
⑤	能眺望大海的檐廊
⑥	壁橱
⑦	进入里院的后门
⑧	2 坪大小的收纳隔间

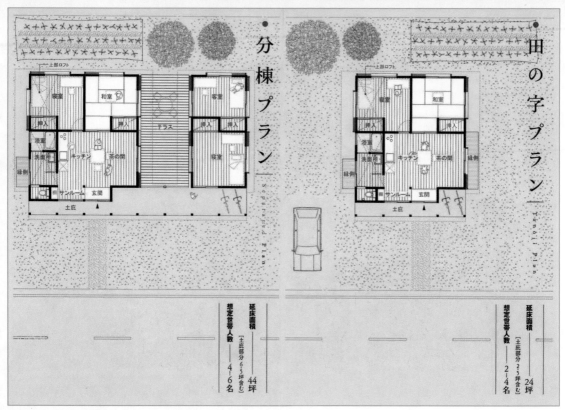

两种房型：分栋型与田字型

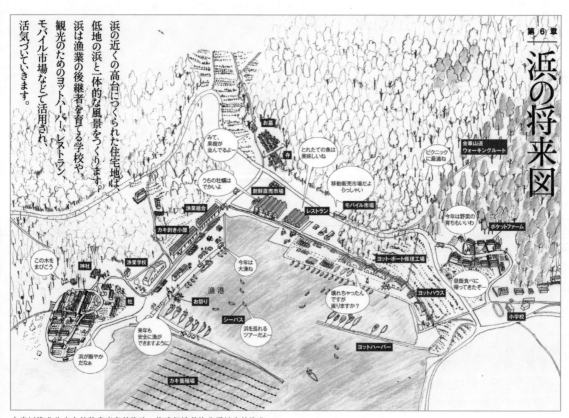

未来以渔业为中心的牧鹿半岛的海边，将建起培养渔业后继者的渔业
学校、观光用的游艇港，以及移动市场等。位于海边低地的"板仓之家"
与当地的风景融为一体

2011 年 7 月的牡鹿半岛桃浦

十人十色的住宅

专访隈研吾

STONE ROOF

类别	别墅
所在地	长野县
建成时间	2010 年 11 月
占地面积	482.9m²

这座建筑以花岗岩和花旗松木两种材质营造出了具有流动感的空间，
建筑正面一块一块立起的石板在改变通透性的同时，在阳光下形成的
影也在不断地变化。

© 太田拓夫

○ 著名的日本建筑家隈研吾先生设计的建筑作品至今已有一百多件。这位建筑界的大师写下了多部在国内外都享有盛名的建筑类著作，例如《负建筑》（負ける建築）、《自然的建筑》（自然な建築）。而他最早的著作是1985年出版的《十宅论》（十宅論）。当时，31岁的隈研吾在纽约哥伦比亚大学的建筑都市计划学科做研究员。他说，正是因为这样的地理距离，才让他得以站在社会之外观察社会内部的生活，从而完成了这本书。

○ 隈研吾在《十宅论》中，将日本的住宅分为单身公寓派、清里食宿公寓派、咖啡吧派、哈比达派、建筑师派、住宅展示场派、独门独院派、俱乐部派、日式酒屋派、历史屋派十个类别，具体探讨了每个类别的住宅在外部构造、内部布局上的特点，及其象征意义和背后所包含的居住者的内心诉求。

○ 尽管这十种住宅的分类并非基于现实层面，用隈研吾自己的话说："不过是一种捏造，也就是一种假想。"但不同住宅样式所体现的主人价值观的差异，让我们从一个特殊的层面看到了完整的日本住宅状态，看到"住宅"这个概念对日本人而言的意义所在，以及不同人群的生活方式内面所包含的深层心理因素。

○ 以单身公寓派为例，"单身公寓"的原型是商务旅馆的单间客房，而旅馆又有着"旅行"和"性"的象征意义。单身公寓派之所以会选择这种居住方式，原因之一便是在安定的婚姻生活开始之前，想要保持类似于旅行的游荡状态，之二便是他们对于性的关心。"'单身公寓'的居住者，在现实中是不是个旅人或者有没有在这个密室里做过爱，

这并不重要。重要的是，只要能使他们产生这种联想，'单身公寓'就不再是一个密闭的空间，因为他们的意识已经得到了自由。"

○ 完成这本书之后，隈研吾回到东京并成立了自己的事务所。他擅长活用各种建筑素材，营造出建筑与自然相融合的整体气氛。那些散布于世界各地的建筑作品使他成为全世界瞩目的日本建筑家。其中也有众多为人所乐道的住宅作品——《水／玻璃》《Plastic House》《铁之家》《STONE ROOF》。尤其是建在长城脚下的"竹屋"，尽管现在是旅馆，但它壮观的形态和作为住宅的舒适性都叫人无不向往。

○ 在2013年出版的《住宅本色》（住宅らしさ）一书中，隈研吾以访谈的形式回顾了自己的住宅作品。从"伊豆的风吕小屋"完成的时候到"轻井泽的别墅"，通过自己的设计阐述他所理解的"住宅本色"。

PLASTIC HOUSE

类别　　　　住宅
所在地　　　东京都
建成时间　　2002 年 05 月
占地面积　　172.75m²

这座住宅使用了塑料材料，是对"远离巨大的混凝土结构"的实现。
这是一位作家母亲和摄影师儿子的住房，矗立在城市中央，各个部分
都面向城市环境。母亲的房间是一间小古董博物馆，一楼的开放空间
是一间露天茶室，屋顶平台是户外工作室，也是聚会的场所。

© 藤塚光政

专访　隈研吾

知日　您的《住宅本色》一书封面上写着"设计住宅是一件糟糕的事情"。为什么这么说呢？

隈研吾　因为我觉得个人住宅排除了社会性，是依据个人欲望而建造的利己性质的建筑。

知日　您觉得住宅的设计和其他类型的建筑设计相比有什么特别之处？

隈研吾　如果不研究人的身体，就建造不出好的住宅。每个人的身体都不一样，因此有必要弄清楚对于当事人来说，这间住宅重要的是什么方面。我想这是住宅设计必须解决的问题。

知日　您的住宅设计处女作是1988年建造的"伊豆的风吕小屋"。现在您怎么看这个作品？

隈研吾　处女作是伴随我一生的作品。伊豆的风吕小屋是就"如何将住宅与原料以及周遭的自然融为一体"这个问题进行的最初的尝试，至今我依然受到它的影响。

知日　您自己最满意的住宅作品是什么？为什么？

隈研吾　印象深刻的是中国的"Great（Bamboo）Wall"（竹屋）。虽然现在作为宾馆在使用，但当初是接受了住宅的委托而建造的。用我非常喜欢的竹子，构成一种有趣

的环境布局，最终建成了一座舒适的住宅。连我自己都想住进去。

知日　《十宅论》分析了人的心理层面，将住宅分成十种。这种分类现在还适用吗？现在的日本以什么住宅风格为主流？

隈研吾　这本书是在1985年出版的，已经是将近30年前的事情了。

但从那时开始，日本就陷入了不可思议的停滞状态，因此我觉得现在也是通用的。要说改变的话，现在的年轻一代开始对有历史的住宅，或者说老房子产生了兴趣，越来越多的人和室友一起租住这样的房子，也就是所谓的"share house"。

铁之家

类别	专用住宅
所在地	东京都文京区
建成时间	2007 年 03 月
占地面积	265m²

这栋住宅没有梁柱，而是使用 3.2mm 厚的铁板，建成了铁路货车车身构造的房屋。委托者是一位狂热的铁道爱好者，家中有数千个铁道模型，在车厢中生活是他的向往。顺应 L 型的特殊土地形状，房屋也建成了 L 型弯曲的细长车厢造型，仿佛是停在坡道上的货车。

© 藤塚光政

隈研吾 住宅设计作品一览

1988 年	伊豆的风吕小屋	别墅	静冈县热海市
1995 年	水 / 玻璃	旅馆	静冈县热海市
2000 年	高柳町 阳之乐屋	集会设施	新潟县柏崎市区
2002 年	Great (Bamboo) Wall（竹屋）	旅馆	中国北京
2002 年	Plastic House	住宅	东京都目黑区
2003 年	森 / 床	别墅	日本
2005 年	The Scape	共同住宅	东京都涩谷区
2005 年	Lotus House	别墅	东日本
2007 年	铁之家	专用住宅	东京都文京区
2006 年	Y-Hütte	别墅	东日本
2007 年	Yien East	别墅	日本
2008 年	wood / berg	住宅	东日本
2010 年	Bamboo / Fiber	住宅	日本
2010 年	Glass / Wood House	住宅	美国
2010 年	STONE ROOF	别墅	长野县
2011 年	Lake House	别墅	东日本
2011 年	Mesh / Earth	长屋	东京都
2011 年	Memu Meadows	实验住宅	北海道广尾郡

尤其在年轻人中间，对老房子的关注度似乎非常高。

知日　按照《十宅论》的分法，您将自己归于哪一派呢？

隈研吾　非要说的话，我应该是建筑师派。因为本身是建筑师，所以是跑不出这个范畴的。

知日　住宅对我们和我们的生活而言，是怎样的一种存在呢？

隈研吾　伴随着社会的变化，住宅已经不仅仅是"居住"的场所了。住宅可以用来工作、聚会，逐渐具有各种各样的功能。我们不能狭隘地理解住宅这个概念，必须灵活地思考它。

知日　东日本大地震对日本的居住情况产生了怎样的影响？

隈研吾：在自然灾害，如强势的海啸、地震面前，并没有绝对安全的房子能永远地保护我们。不把钱和精力花在买房上面，而考虑租房生活的人越来越多了吧。

知日　您觉得日本人的住宅形态今后会向什么方向发展？

隈研吾　就像前面说的，我觉得租赁房屋在增多。即使是个人住宅，住在一起的也不是有血缘关系的家庭，而是像"share house"一样和其他同伴一起生活。这样的家庭慢慢多起来了。

知日　您认为中国的住宅和日本相比，最显著的区别在哪里？

隈研吾　中国的住宅不仅面积大，内部装修也很豪华，需要花费很多钱，这一点总是让我震惊。相比之下，感觉日本的住宅有越发朴素的倾向。

周赟、张艺 / editor HOUSE VISION / photo courtesy

HOUSE VISION
未来住宅的
"跨界可能"

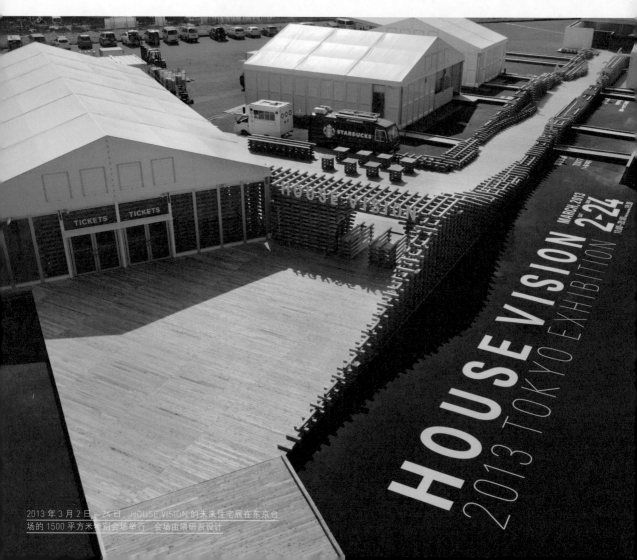

2013 年 3 月 2 日 - 24 日，HOUSE VISION 的未来住宅展在东京台场的 1500 平方米特别会场举行，会场由隈研吾设计

2013年3月，一场名为"HOUSE VISION"的展会在东京台场1,500平方米的会场举行，会场由隈研吾设计，伊东丰雄、藤本壮介、杉本博司等知名建筑家和艺术家与来自能源、住宅设施、生活杂货等领域的企业跨界合作，将7个未来住宅的新形态实物呈现在人们面前。

HOUSE VISION由代表日本设计的人物原研哉主导，2011年3月便已启动，召集了日本国内的建筑师以及相关的企业、政府部门，在中国、日本进行住宅的实地调研，通过研究会探讨都市、环境、未来住宅等议题，发表企业的研究成果等，影响力波及亚洲。2013年的HOUSE VISION展览集大成地展示了2年来的研究成果，更新了我们关于住宅的视界。

关心未来住宅的行业专家和建筑师们各抒己见，他们期待能找出"家"的问题的本质部分，为日本的未来创造新的都市形象

住宅读写

这些年在日本，单身居住者越来越多，核家族、sharehouse也屡见不鲜，人们往往愿意通过寻找合适的二手住宅来实现自由地"读写"住宅的愿望，也不要再禁锢在集合住宅的方盒子以及标准化住宅中了。据说，到2020年，日本的二手住宅市场将从现在的4兆日元增加到8兆日元。于是，怎样让"家"与自己的生活方式更加契合，将住宅也变成可以根据主体的意愿编辑与改写的空间，成为了未来住宅的趋势之一。

"以新的常识来创造住宅"是原研哉提出的HOUSE VISION的核心意识

HOUSE VISION 将 7 个未来住宅的新形态实
物呈现在人们面前

HOUSE VISION 的 7 组未来住宅以及 1 组绿化项目

向着住宅的前端	LIXIL × 伊东丰雄
移动与能源之家	Honda × 藤本壮介
地域社会圈	未来生活研究会 × 山本理显·末光弘和·仲俊治
茶韵之家	住友林业 × 杉本博司
家具之家	无印良品 × 坂茂
极上之间	TOTO　YKK AP × 成濑友梨·猪熊纯
编辑之家	茑屋书店 × 东京 R 不动产
垂直环境绿化	Suntory Midorie × 东信

"家"的新常识

"以新的常识来创造住宅"是HOU-
SE VISION 的核心意识。"家"是
集能源消耗、移动、通信、家族
交流为一体的整合体，而东京又
是自江户时代以来的大都市，在
度过了经济高度成长期之后，积
累了满载的资源，从建材到家电
的住宅产业链也相当完备。从前，
电视、洗衣机等电器是独立于住
宅产业之外的，而今后的趋势，
则会整合制造者的资源，而让住
宅本身"电器化"。

在这8组项目中，《知日》特别选
出了4组最具代表性的作品。未
来住宅到底是什么样的？其实真
的离我们不远。

向着住宅的前端：LIXIL × 伊东丰雄

向着住宅的前端：
LIXIL × 伊东丰雄

一半是木地板，另一半是裸地的半开放式空间。在这里，风与空气可以自由流通，植物的存在能让人充分感受季节与自然

LIXIL是日本最大的生产建材和家具设施的企业，由"living"和"life"组成的社名"LIXIL"暗示着他们的产业涵盖了居住和生活的方方面面。LIXIL与2013年刚刚获得普利兹克建筑奖的伊东丰雄合作，创造出了令人怀念的未来之家。为什么说是令人怀念呢？伊东丰雄在房屋的设计中以一半有地板、另一半是裸地的概念，映射了传统样式的民居，而在建材的细节上LIXIL采用了先进的技术来支撑伊东丰雄的建筑理念。从可以调节光线的竖式百叶窗到隔热性、隔音性俱佳的墙壁，甚至是泡泡浴的香波，LIXIL都拿出了最新开发的技术和产品。在不大的房屋里，既有室内空间又有室外空间，在半室外空间中的浴盆中沐浴，与在封闭的浴室中的感受想必是截然不同的吧。

LIXIL：

"LIXIL的理念，是创造丰富而舒适的居住生活空间。我认为所谓'丰富'并不是单纯地将东西集合起来，就像两只手并不是单纯地握在一起，而是因为握在一起而产生了强大的相互作用力。有了这种强大的力量，才能发散出去，在所有的相关领域，提供丰富的服务。"

伊东丰雄：

"用皮包和风吕敷来比喻建筑吧。欧洲的建筑是典型的'皮包'，先有其外形，然后再往里面加东西。而风吕敷则是里面先有东西，也就是说，先有人聚在一起，然后才有建筑，所以是非常柔软而有弹性的，这是我一直以来对建筑的看法。"

LIXIL提供的建材和技术是实现伊东丰雄理念的关键

巨大的开放的室内空间，隐藏着源源不断的能源，同时也是电动车移动的通道

移动与能源之家：
Honda × 藤本壮介

Honda 与藤本壮介合作了能源供给与移动无缝对接的家。也就是，家里就可以提供能源，还可以设置代步车等设备，甚至可以将车开进家中并为它充电。Honda 开发的发电系统利用太阳能与燃气产生热与电气，因此可以源源不断地高效供应能源，家里相当于多了一个可以充电的车库。他们还开发了适合放在家中坐着就能够自在移动的新移动体"UNI-CUB"。建筑师藤本壮介用3层的楼梯构造阶段性地将内外空间融合，而不是单纯地将家分为内部与外部、公共与私人的空间。从敞开的玄关你能看到可以作为车库的宽阔的起居室，车与街道、车与家、家与街道的界限完全消失了。

Honda：
"迄今为止，如果要为车补充能源，就是去加油站加油，然后回家，中途将车停在停车场。我们想要是能在家里加油就好了，接下来

移动与生活的密切对接

移动与能源之家：Honda × 藤本壮介

我们开始考虑如何在家里产生清洁的能源、怎样与车对接。我们想提供自由的移动，在享受着舒适便捷时，还能有持续的能源。"

藤本壮介：
"我想做的建筑是一些新鲜而有意思的建筑，而怎样的建筑是新鲜的呢？我时常被东京的街头吸引，走进小小的巷弄，在古老的居住空间里，那种与周围的街景融合在一起的感觉我觉得非常有趣。房屋只是在一块土地上建起来的舞台，而实际的生活却远远溢出了建筑的范围，所以不要停留在建筑上，稍微跳出一点来，就能够创造出有趣的建筑吧。"

从内到外渗透着木材的传统，同时也是一种温故知新

茶韵之家：
住友林业 × 杉本博司

日本传统的美学是创造未来之家的重要源泉。日本的森林资源非常丰富，很难将日本人的传统美学与木头分开。住友林业从1691年就开始从事木材的培育和经营了。在国际上享有盛誉的摄影师杉本博司，有一套名为"建筑"的作品，实际上他自己对日本传统建筑也有很深的理解，近来也涉足建筑设计，拥有将日本传统美学在现代美术中活用的稀世才能。本次在 HOUSE VISION 展示的是作为中古公寓的"茶韵之家"，周围用竹扫帚包围起来，墙壁采用了杉树皮，自称"熟年新人建筑师"的杉本博司说，回归传统素材反而是一种温故知新。而另一件作品"雨听天"则是模仿千利休的国宝茶室"待庵"建造的当代版。主体用竹子建造，只有屋顶是薄铁皮，原因是，下雨天能够听到雨打屋顶的声音，这也是"雨听天"名字的由来。

住友林业：
"木材是住友林业的DNA，我们很感激在日本有山有树，我们称之为'国土报恩'，也就是对于自然的恩惠要回报给自然，这样循环下去才能与未来相连。在战前和战时，为了支援战争，日本的木材都快被砍伐干净了，于是从海外进口了不少木材，一时间出现了放弃木造住宅的趋势。现在我们想做的就是复兴传统的木造住宅。"

杉本博司：
"木的文化是日本的文化，从绳文时代开始，日本人就习惯生活在木造的东西之中了。7世纪时佛教从中国传来，同时也传来了金铜佛像，日本人立刻就用木头来雕刻了，木造佛像成为了日本独有的样式。如何与木头融合是日本人生活的基本，如果忘记了这一点，日本的精神也就消亡了。"

茶韵之家：住友林业 × 杉本博司

"比起住在建筑师设计的住宅中，能够自己编辑住宅不是更棒吗？"

编辑之家：
茑屋书店 × 东京 R 不动产

茑屋书店和东京 R 不动产的合作是最特别的。茑屋书店也就是日本随处可见的"TSUTAYA"，他们像便利商店一样提供书籍、杂志、音乐和影像商品。东京 R 不动产则是新兴的不动产媒体，是从改造的 idea 到改造工具一应俱全的"全能住宅改造王"。他们合作了住户能够自在编辑的家，把构成房屋的每一部分元素分解，住户可以把它们当作空间编辑的工具，自由组合，唤醒了居住者自己书写住宅的创造欲。比如说，东京 R 不动产就将一户普通住宅的所有墙壁打通，在中间放置一张大桌子，一家人可以围绕着桌子吃饭、工作、学习、娱乐。要是想一个人宅着的时候，钻进移动式小包厢就行了。

茑屋书店：
"我们的关键词是'编辑权的移动'，茑屋书店有在经营影碟和唱片的出租。唱片有 30 分钟的长度，按照艺术家的想法编排，听众只是被动地在听，听着听着就想要自己编辑唱片的曲目了。吃饭也好、穿衣也好，消费者渐渐有了自己编辑的意识，家也是一样，比起住在建筑师设计的住宅中，能够自己编辑住宅不是更棒吗？"

东京 R 不动产：
"在日本经济高速成长期时，政府尽量提供数量多而便宜的住宅，而现在我们已经迎来了自己选择、自己创造住宅的时代了。房子是怎么建造起来的，在某种程度上来说好像很难，我们将其分解后，一切都变得简单可操作了。"

没有了墙的限制，一张大桌子可以有多种功用

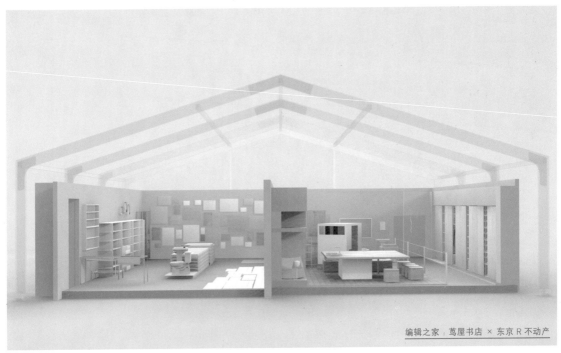

编辑之家：茑屋书店 × 东京 R 不动产

张艺 / interview & text 藤本壮介建筑设计事务所 / picture courtesy

反问建筑之初

专访藤本壮介

House N Iwan Baan / photo

所在地	日本大分
用地面积	236.57m²
建筑面积	150.57m²
总使用面积	85.51m²
构造	RC 造（钢筋混凝土造）
设计时间	2006 年 10 月
施工时间	2007 ~ 2008 年

最外一层和中间一层隔出了一个半开放的花园 Iwan Baan/photo

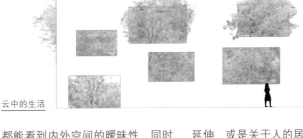

云中的生活

David Vintiner/photo

藤本壮介

藤本壮介出生于1971年，毕业于东京大学建筑系，2008年凭借《情绪障碍儿童短期治疗设施》获得日本建筑大赏，现在是日本最活跃的年轻建筑师之一。

藤本壮介用"森林建筑"来概括他的设计理念，建筑的内与外被他视作最根本的问题。在他的两件住宅作品 House N 和 House NA 中

都能看到内外空间的暧昧性，同时也表达了他对城市、街道、人的居住的思考。

House N 是3层外壳层层递进组成的空间，最外一层和中间一层隔出了一个半开放的花园，再往中间才是居住者私人的空间。藤本壮介怀疑那种单靠一堵墙把内外空间分开的做法，而愿意去创造多层次的空间。他认为，完美的建筑，应该是在内部也像是在外部、而在外部就像是在内部一样。House N 就是这样的建筑，身在 House N 就像身处云中一般。

3层外壳实际上意味着无限，因为世界实际上就是无限叠加的。藤本壮介认为，城市与住宅在本质上没有区别，只是同一主题的不同

延伸，或是关于人的居住的原始状态的不同表现。

House NA 是让人惊异不已的全透明住宅，位于东京的住宅密集区，它的设计是以在树上的生活为灵感的。

House NA 由很多像漂浮在空中的地板呈阶梯状组成，就像是树的枝丫，每一层地板不是完全独立的，而是相互保持着一定的连带关系，就像鸟儿在树枝间飞来飞去一样，拥有高密度的立体生活的丰富感。高低不同的地板可起到桌椅的功能，朋友来到家中，分布在不同的空间，形成网状结构的交流场所。这里丰富的居住体验，是不是让你想到了人猿泰山在丛林中的生活呢？

中间是私人居住空间 Iwan Baan/photo

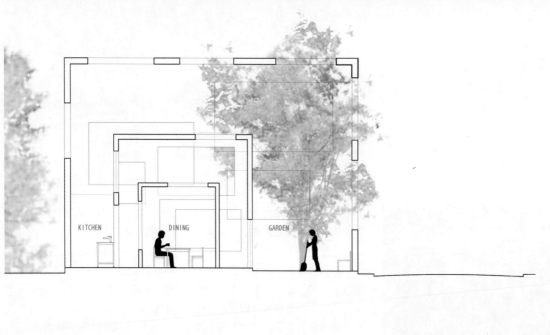

KITCHEN　　DINING　　GARDEN

House N 断面图

0　1　　　　　5 (m)

House NA　Iwan Baan / photo

所在地　　　　　日本东京
用地面积　　　　53.77m²
建筑面积　　　　32.23m²
总使用面积　　　84.91m²
　　　　　　　　钢筋
设计时间　　　　2007 年 2 月～ 2009 年 12 月
施工时间　　　　2010 年～ 2011 年 4 月

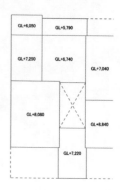

House NA 平面图【从左至右】第一层 第二层 第三层 屋顶

House NA 断面图

层次丰富的空间与多样的生活体验 Iwan Baan/photo

阶梯状地板悬浮在空中，就像树的枝丫一样 Iwan Baan/photo

专访 藤本壮介

知日 关于你的设计，可有一以贯之的概念？

藤本壮介（以下简称藤本） 我的概念是"反问建筑之初"，即重新解读和创造建筑与自然的关系、内部与外部的关系、身体与建筑的关系，接着将它们转化为新的空间与生活环境。特别是自然与建筑的关系，我用"森林建筑"一词来概括。在本质上，这是新的建筑方法、新的自然、新的生活环境，以及我在思考单纯与复杂的关系的出发点。

知日 你在《原初的未来建筑》一书中将"成为巢穴之前作为'洞窟'的住居"视为建筑的原初。你是怎样通过住宅设计探讨"建筑的原初"的？

藤本 人居住的地方是什么样的呢？从这个质朴的问题出发，回到身体与建筑、内部与外部及其之间的场所、生活中自然与人工的融合等根源的问题。不一味着重于概念的推论，从"普遍的视点"出发，试着从那里再次发现建筑。在设计住宅的时候，用地状况、委托人的生活，都会成为灵感来源。在世界各地进行设计活动时，多样化的文化与气候也会带来新的想法。

知日 House N 是房子套房子的结构，House NA 是全透明的，使得内外空间暧昧起来。你是怎么考虑建筑的内部与外部的呢？

藤本 我觉得内部与外部，对建筑来说是最根源的部分，是自然环境与人工环境的分别。我感兴趣的不是单纯地区分出内与外，而是在内部与外部之间创造出多样的层次，使居住场所分化出多样化的选择。我想，通过内部与外部的融合，或许能够改变建筑本身的存在方式也未可知。进而，或许建筑与都市的境界会变得模糊，甚至自然与建筑的边界也将摇摇欲坠。最后呈现出来的恐怕就是未来建筑的样貌了吧。

知日 你如何定义"住所（居场所）"？

藤本 住所，说起来，是建筑的朦胧状态，或是未能成为建筑的场所朦胧的开始、痕迹之类的东西。人在那里生活时，有人为地使它变得舒适的痕迹。是建筑开始前真正朦胧的开端，它再延续下去，就是建筑了。

知日 你怎么看待"都市是家的延长"这个概念？

藤本 对我来说，都市，比方说东京，说来也就是一个巨大的像家一样的地方。特别是东京旧的、凌乱的地区，道路的宽幅、尺度感简直太有人情味了，弯弯曲曲的道路也像自己家一样，有一种安心与舒适的感觉。自己的小家，就像城市这个大家中的一个房间一样。通过都市的概念以及家的概念的扩张，我想去发现一些新的可能性。

知日 你在之前的采访中曾说"有时会想象'要是有这样的地方就好了'，而如果真有那样的地方，那便是建筑有趣的地方"，你理想的住宅是什么样的？

藤本 "像森林一样的住宅"，或是"像东京一样的住宅"吧。多样、复杂，包容他者，永远在变化中，而且处处都是美的。要是能生活在这样的地方应该相当棒吧。

伦敦的蛇形画廊（Serpentine Gallery）每年夏天都为募集艺术基金举办慈善派对。在室外草坪上搭建临时展馆。从 2000 年起开始邀请尚未在英国本土有过建筑作品但已有国际声誉的建筑师打造户外展馆（Serpentine Gallery Pavilion）。今年受邀的建筑师是藤本壮介，他用 20mm 的钢柱打造了近 350 平方米的立体网状展览空间

张艺 //interview & text　安藤忠雄建筑研究所 / photo & picture courtesy

安藤忠雄的原点：
住吉的长屋

住吉的长屋

位置	大阪市
设计	安藤忠雄
设计时间	1975年1月～1975年8月
施工时间	1975年10月～1976年2月
用地面积	57.28m²
建筑面积	33.7m²
总使用面积	64.72m²

安藤忠雄/photo

光之教堂、水御堂、淡路梦舞台、地中美术馆……作为日本最杰出的建筑师之一，安藤忠雄设计过太多充满诗意、让人为之称绝的作品。日本的建筑师都要从设计住宅开始起步，安藤忠雄也不例外。「住吉的长屋」可以说是他建筑设计生涯的原点，在1979年获得日本建筑学会赏之后，清水混凝土盒子的建筑成为了一种时髦。

在日本传统住宅的图鉴中，能看到在平安时代的城市民居中就已有"长屋"这样的建筑了。当时的城市被道路划分成方方正正的町，城市中的居民沿着道路建起一间间并排的屋子，也就是"长屋"。每一户人家建屋3间，中间一间空作中庭，连接两边的主屋。

1941年出生的安藤忠雄便生长在大阪市下町的长屋中，对于长屋内部的小小庭院有很深的体验，正如他所说："我身体中浸染了传统空间的感性。"安藤忠雄对建筑产生兴趣，是他17岁时在旧书店看到了勒·柯布西耶的作品手稿之后。并未经过建筑专业训练的他，在建筑家水野颖介的事务所打过工，也做过木工。24岁时，安藤忠雄带着打工赚来的盘缠，独自到欧洲游历，考察欧洲的古老建筑和现代建筑师的作品。在欧洲，他见识到了与日本完全不同的风土中诞生的建筑，使他对日本的风土和建筑有了全新的认识。

安藤忠雄在1975年设计的"住吉的长屋"位于大阪的下町平民区，占地33.7平方米，全混凝土打就，外墙没有窗户，表情严肃地挤在四周的低层木造住宅群中。安藤忠雄将原本是2层木质长屋的住宅用表现抽象艺术的混凝土盒子整体置换，平均分割成3部分的盒子，中间的一个连梁带顶抽掉，形成中庭，自然光线从中间进入建筑中，使建筑内部形成了一个自己的小宇宙。

1层是起居室、餐厅、厨房和浴室，2层是主卧与儿童房，中庭夹在中间，各个空间用走廊和楼梯相连。构造看似简单，却能让人得到丰富的空间体验，中庭将自然或柔或粗暴的表情原封不动地引入室内。居住在此，时刻能感受到建筑与自然的存在感，想必能够产生一种与建筑和自然共生的独特生活体悟。

这件作品作为第一个私人住宅设计作品获得了1979年的日本建筑学会赏。清水混凝土的构法、室外空间的引入以及他用现代建筑的手法诠释传统的建筑形式获得了极高的评价。混凝土本是现代建筑中最普通的材料，他却用最普通的材料，创造了"他人学不来的空间"。他之后的代表作品六甲山集合住宅、光之教堂、水御堂、淡路梦舞台、地中美术馆、表参道Hills等都是用清水混凝土打造，并与所在地的环境结合，共同呼吸同一片风土。

安藤忠雄自己评价道："以中庭为核心的构成，尽管面向路的一面紧紧封闭着，而正如从唯一的入口漏出的光芒所暗示的那样，这间住宅仍是从长屋的都市住宅文脉中诞生的。单纯的构成与内部展开的复杂空间体验，封闭在混凝土壁中的表情与内在呼吸的光与风所带来的抽象的自然生命力。这些我日后建筑的原点，都被包括在这间狭小的都市住宅中了。"

3 间长屋的正中间作为中庭，穿过中庭的走廊连接起两边的室内空间。生长于大阪下町的安藤忠雄身体里有对传统建筑的"尺度感"

安藤忠雄 / photo

专访 安藤忠雄

"中庭就是住宅呼吸的肺，也是居住的心脏。"安藤忠雄 /photo

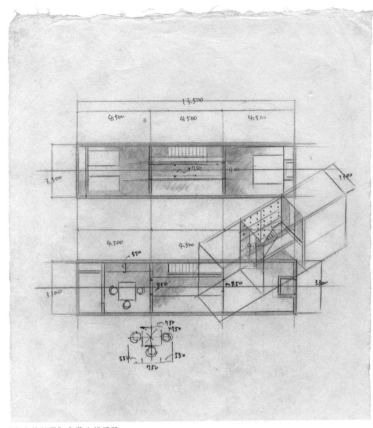

"住吉的长屋"安藤忠雄手稿

知日 "住吉的长屋"是您早年的代表作，现在已经过去30多年了。您认为住宅的设计对于建筑师来说意味着什么？它的有趣之处在哪里？

安藤忠雄（以下简称安藤） 在所有建筑中，住宅是与人的关系最为紧密的，因此，对住宅功能的分析和计划十分必要。还要学会控制成本，这是很难的，因为雇主对于自己的住宅有很多考虑，从计划阶段到竣工之前，会冒出很多要求，甚至其实是无法实现的要求。建筑家，就是整日为自己脑海中描绘的理想空间与不那么美妙的现实之间，不断往复、烦恼、思考的人。设计住宅耗费的能量并不比设计大型文化设施要少。

而且这种关于住宅的思考过程，我认为正是建筑的原点。建筑的有趣之处，就在于摸索各种可能性并为之焦头烂额的时候。

知日 委托人提出了怎样的要求？

安藤 设计的初始阶段，委托人提出了大大小小很多要求。说想要一个很大的浴池什么的，怎么想都是没法实现的要求。找设计师设计住宅的人大抵都是这样矛盾的存在。不过，在与他交谈的过程中，他渐

渐对我有了信任和理解——我们都在相同环境中长大，基本的价值观不会差很多。受到他的全权委托后，我提出了将住宅正中间作为屋外空间的提案（将传统的长屋用现代建筑语言再生），他没有反对，接受了。

知日 委托人现在还住在那里吗？

安藤 房子竣工至今已过去30几年了，仍然保持着当时的样子，没有翻修也没有改造，委托人夫妇一直住在那里。在这过程中，可能也遇到了各种各样的问题，在反复摸索中，建立起了只有在那个住宅中才有的lifestyle（生活方式）。虽说"住吉的长屋"是我初期的代表作，但若是没有那样有勇气与胆识的雇主，我想也不会有"住吉的长屋"吧。

知日 您选择用传统的"长屋"设计的原因是什么？

安藤 这间住宅是把构造上相连的3间木造长屋中的一间改建而成的

建筑。外形是根据用地条件决定的。用地狭小，所以在不大的用地中创造尽量大的生活空间是第一目标。也就是说，最初并没有建造"现代版长屋"的意识，所以基本是按现代建筑的设计语言来设计的。硬要说的话，恐怕是在"与自然的关联"和"对尺度的感觉"等眼睛看不到的部分，我身体中浸染的传统的空间感性不知不觉表现在外了吧。之前说过，我和我的委托人都是在传统的长屋中长大的。所以，我的身体知道，长屋里面小小的后庭对于居住来说有多重要，这种空间的体验，直接促成了"住吉的长屋"中庭的想法的产生。

从结果上看，也许是传统的再生吧。

知日 那"中庭"意味着什么呢？

安藤 通过空间，将光和风引入住宅内部，同时也让人感受包含雨雪等严酷的天气在内的季节变化与自

内部与外部都采用了清水混凝土墙面，
在不同光线下呈现出不同的表情
安藤忠雄 / photo

通过中庭，自然风光进入住宅空间
安藤忠雄 / photo

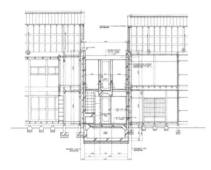

"住吉的长屋"剖面详图

"建筑家，就是整日为自己脑海中描绘的理想空间与不那么美妙的现实之间，不断往复、烦恼、思考的人。"林景泽 / photo

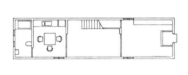

"建筑的有趣之处，就在于摸索各种可能性并为之焦头烂额的时候。"林景泽 / photo

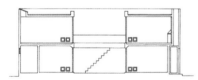

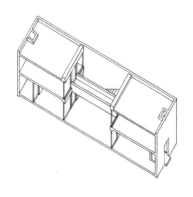

"住吉的长屋"平面图、剖面图、轴测图

然。对住宅来说，中庭就是住宅呼吸的肺，也是居住的心脏。

知日 有人说"住在'下雨天如果不打伞的话连卫生间也去不了'的'住吉的长屋'不会不方便吗？"您是怎么考虑的？

安藤 也许会有不便，但却能够和自然更亲近。这是在空间的制约中"优先选择什么"的价值观问题。比起便利，我们选择了生活的丰富性，仅此而已。

知日 建筑的外壁与内壁全部采用了清水混凝土打就，采用清水混凝土的原因是什么？您的建筑作品中，清水混凝土很常见，您认为它有什么样的魅力呢？

安藤 采用清水混凝土的原因是：

第一，内部与外部不采用任何装饰就能够扩大容积，第二，混凝土、铁和玻璃是近代建筑的代表性材料，而我正是想挑战"用谁都在使用的材料，创造谁也学不来的空间"。

我觉得混凝土的魅力在于它看似没有生命实际却拥有多样的表情。清水混凝土能够留下工匠在打造时手的痕迹，就像墙的表情一样。同时，打在墙壁上的光线不同也会呈现不同的表情。

知日 您理想的住宅是什么样的？

安藤 能够营造与自然共同生活的地方。另外，像土著民居那样有着强烈表现力，而且拥有只在那个场所才成立的形态，那样的住宅是最理想的。

周赟 / interview & text   梁晶 / translate   UID 建筑师事务所 / picture courtesy   上田弘 / photo

「巢」轴测图

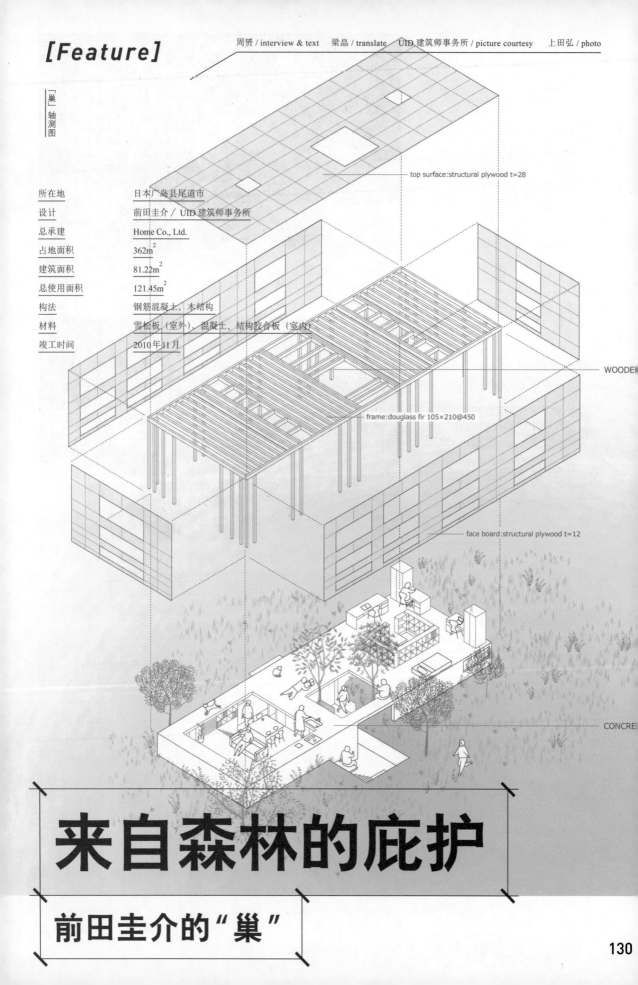

top surface:structural plywood t=28

所在地	日本广岛县尾道市
设计	前田圭介 / UID 建筑师事务所
总承建	Home Co., Ltd.
占地面积	362m^2
建筑面积	81.22m^2
总使用面积	121.45m^2
构法	钢筋混凝土，木结构
材料	雪松板（室外）、混凝土、结构胶合板（室内）
竣工时间	2010 年 11 月

WOODE

frame:douglass fir 105×210@450

face board:structural plywood t=12

CONCRE

来自森林的庇护

前田圭介的"巢"

　　"巢"位于广岛县尾道市的山脚下，是一幢建筑面积仅有81m^{2}的住宅。一位妈妈带着两个女儿居住在这里，此外还有一只可爱的猫。这幢住宅的内外都十分敞亮，树木穿过天窗生长到室外，与周围环绕的森林相互呼应。而墙面的雪松板则化解了钢筋混凝土冰冷、坚硬的质感。这是前田圭介主持设计的住宅，与它的名字"巢"一样，建筑师希望赋予这幢房子更多的母性："因为居住者只有三位女性，我们认为应当柔和地将环境与建筑的边界相连接，让家庭成员的关系保持亲密。就像动物用森林的资源建立自己的巢穴，我们的目的是让环境成为居所不可分割的一部分。这个道理，如同从巢穴延伸到森林，从森林延伸到地球，并最终延伸至整个宇宙。"

　　这座名为"巢"的房子，由内而外都融于森林之中，且如同森林一样，为居住其中的母女提供着舒适的阳光、阴凉和可以观赏的风景。

前田圭介
Keisuke Maeda

1974 年	出生于日本广岛县福山市
1999 年	毕业于国士馆大学工学部建筑系
2003 年	成立 UID 建筑师事务所
2007～2010 年	在广岛工业大学、福山市立大学任客座讲师

屋内的「森林」

厨房兼餐厅，同时也是起居室。房间的另一头是书房

书房，可用于学习和工作的空间

专访　前田圭介

知日　请问房屋主人的要求是什么？

前田圭介（以下简称前田）　这是一个由母亲和两姐妹构成的三口之家，她们想要一个既能保护各自隐私又能感觉到家庭氛围的宽敞的住宅。此外，等孩子上了大学，房子就只剩母亲居住了，因此希望能设计一个可以灵活改造的房子，这样不管将来孩子回来一起住还是母亲一个人住都很方便。她们还希望房子能与外部良好的自然环境很好地相容。

知日　你的设计构想和概念是什么呢？

前田　想在一个自然环境优越的森林中设计一个小住宅。因为家里有三位女性，一方面希望住房能让她们之间有合适的距离，另一方面也想把住宅的环境和建筑很好地联结起来。这次在重新考虑建筑的地板、墙壁等要素时，觉得要建一个包含环境和住所的一体空间。具体来说是在地面表层用隧道将几个空间相互连接，

形成一个混凝土建的像蚁穴一般设有小门的"巢"。地面上是用枝叶状元素打造的"巢箱"。这个住宅像是森林中舒适的阳光和阴影一样，成为与自然环境相协调的空间。

知日　房屋的主人入住后给出了怎样的反馈呢？

前田　虽然是自然环境优越的开放式布局，但是又能保护隐私，住着很舒心。并且，使用隔间的主要原因是能确保单间，这是一

种即使家庭结构改变也能住着舒服的房间配置。

知日　建设中的难点在哪里呢？

前田　将承受木质结构的钢板放在2层混凝土地板上，这种将材料间准确对接的建筑精密度是难点。此外，构造用木板的取舍，墙地分离的构造中分隔内外空间的强化丙烯酸树脂板的解决等、还有表现概念的细节，在这些方面也下了很多功夫。

傍晚时分，暮色低垂，室内的景色令人神怡

133

[Feature]

在原先主屋的剩余空地上

建起年轻夫妻一家的新住宅。

底层的天空
和
上层的小镇

Studio Velocity　解体层积住宅

　　"能看见天空的底层和小镇一样的上层"是爱知县的建筑工作室studio ve-locity的设计师栗原健太郎和岩月美穗设计的私人住宅。它外观上是一幢普通的圆形白色尖顶住宅，而内部却别有洞天。从台阶上到第二层，完全开放式的空间中，四座高矮不一的楼梯间将空间分割开来，营造出了小镇街道的氛围。

　　一般两层以上的建筑都会把层与层之间截然分开，而studio velocity设计的这件作品，通过楼梯间将底层的空间延伸到了上层，同时，巧妙的开窗位置也将房间与房间、室内与室外联结在了一起。

每一个楼梯间都与一个底层房间相连。图为从楼梯间的天窗向下看到的底层房间

所在地	爱知县冈崎市
设计	studio velocity
	栗原健太郎+岩月美穗
施工	创 sinko 株式会社 sinko 建创
构造	藤尾建筑构造设计事务所
层数	地上 2 层
屋顶高	7,086mm 最高点为 10m
占地面积	144.93m^2
建筑面积	55.28m^2
总使用面积	110.52m^2
构法	木造，部分钢架
设计时间	2010 年 4 月 ~2011 年 6 月
施工时间	2011 年 7 月 ~2012 年 1 月

儿童房B

从底层的儿童房B往上看，可以透过屋顶天窗看到天空

饭厅四周被高低不同的楼梯间包围，也可以看到对面的榻榻米间

135

从2层的玄关进入内部，高高的屋顶天窗洒下自然光，房间中有四座细长的楼梯间，即便是在上层也有像在街道上的感觉

断面图→

在家中的每个地方，都可以透过窗户看到其他房间和室外的风景

#91
#116
#72
#114
#78
#101
#75

平面图
↓

左图：第一层平面图，室内设置了主卧、儿童房A、儿童房B、卫生间、浴室、屋外四角开辟出了四个庭院

右图：第二层平面图，开放的空间中设置了起居室、餐厅、厨房、榻榻米间、儿童间

main house

counter / wash-basin

bench

master bed room
children's room A

washroom

children's room B
Hut for drying clothes

Bathroom

garden table

N

8390

First floor s=1:100

Tatami room

Entrance

Living area

Dining area

Kitchen

Children's room

8390

Second floor s=1:100

专访

栗原健太郎 & 岩月美穗

知日　来自委托人的要求是什么？
栗原健太郎＆岩月美穗（以下简称栗原＆岩月）　委托人的家庭是一对夫妇与两个孩子。他们只是提出来一些基本的日本家庭的功能区：起居室、餐厅、厨房、两间儿童房、夫妻的主卧和浴室。只是，太太每周要邀请一大群朋友到家里来吃饭聚会，所以希望有一间大一点的起居室。

知日　设计的构想是怎样的？
栗原＆岩月　首先我们研究了在这个环境中最适合建造什么样的建筑。考虑到要满足所有的功能需求，在这样的占地面积上，两层建筑是必不可少的。建筑用地是位于山脚下被自然环抱的一块不规则的空地，在这里如果要建四方的房屋，就会与旁边的主屋挨得过近，而且没有作为庭院的空间了。我们试着在用地中放入圆形，瞬间就产生了

136

可以用作庭院的空间，还能与周围的自然环境紧密相连。于是，就决定用圆形了。建筑内部第一层是一群屋顶很高的房间，第二层是起居室、餐厅和厨房，屋顶很高，也很宽阔。为了使不同性质的空间混合在一起，将4个庭院与天空也连接进来，在两层之间设置了4个楼梯间。这4个楼梯间，不仅起着连接各个房间和浴室的作用，也使得上层的起居室、餐厅和厨房之间能够保持奇妙的环游性。同时，在大空间中，形成了很多小小的空间，在一般的住宅中，除起居室、餐厅和厨房之外，不会再产生别的小空间了，而在这里反而会出现很多小的空间。比如，榻榻米间呀，小朋友的读书间呀，在起居室之外也有可以放置沙发的缓和空间。对于小朋友来说，这里好比一个玩具赛车的环游场，他们可以去发现空间，自由地玩耍。

楼梯间自然隔出了过道

从平面上看，楼梯间让空间富有环游性与连续感。从断面来看，楼梯间的开窗方向也值得研究。窗口开在哪里，能看见什么我们都做了详细的记录，在可以看见风景的地方开了窗。

知日 怎么看待建筑空间与人的关系？
栗原＆岩月 建筑的空间之所以重要是因为有人在体验这个场所，在其中生活。

我们在思考创造怎样的空间时，从微小的地方，到整体的空间，都会先想象，然后将想法记录下来，通过模型与作图去研究。在构思的时候，会尽量去构建大比例尺的模型，在给委托人展示时，得传达讯息让他们知道，在一个空间中能够体验到什么、能够怎样生活。使用模型展示，他们就能收到比较准确的讯息，才不会产生在实际完成后的空间中的生活是他们完全没有想象过的状况。

或者不如说，实际在那里生活的人会通过自己的想法，去发现空间有趣的使用方法。

知日 建设中有什么困难的地方吗？
栗原＆岩月 有啊，圆形的墙壁和圆锥形的屋顶是曲面的，我们努力让它们显得不那么厚。如果墙壁与屋顶很厚的话，就会与外部产生距离感。屋顶若是厚了，从不同的地方看，开口面积会比实际面积要小，而从一层能够看到天空是这间住宅很重要的理念。我们与结构专家讨论之后，决定使用曲面胶合板，在结构上按照功能要求，在与制造公司的探讨下制作。

屋顶用木造的话，需要300mm的梁高，我们用了钢架结构，将50角的方管与曲面胶合板上下夹在一起。这样，屋顶的天窗，不管从哪里看都能看到同样大小的天空。

知日 居住后的委托人有什么样的反馈？
栗原＆岩月 我们拜访他们时，小朋友在房子的里里外外玩得非常开心。太太很喜欢料理，经常在二层的厨房里做饭或是在一层的卧室里整理衣物，她说看到孩子们过得非常开心的样子，她很安心。

Profile:

栗原健太郎

1977 年　埼玉县出生
2004~2005 年　石上纯也建筑设计事务所
2006 年　成立 studio velocity
2008 年　爱知产业大学兼职讲师
2011 年　丰田工业高等专门学校兼职讲师
2013 年　爱知工业大学兼职讲师

岩月美穗

1977 年　爱知县出生
2004~2005 年　石上纯也建筑设计事务所
2006 年　成立 studio velocity
2010 年　爱知产业大学兼职讲师
2012 年　椙山女学园大学兼职讲师

Awards:

2006 年入选 SD review 2006（冈崎的住宅）
2007 年入选 JIA 优秀建筑选 2007（冈崎的住宅）
2010 年爱知住宅赏（montblanc house）
2010 年中部建筑赏（montblanc house）
2010 年日本建筑学会东海赏（montblanc house）
2011 年 JCD award 金奖（曲线的小单间）
2011 年 International Architecture Awards 2011（montblanc house）
2013 年 AR HOUSE AWARDS 2013 Highly commended

"家"的笔墨想象

"家"是人类生活的重要场所，在日本的动漫中，有大量有关居住文化的表现。

日本古代的木质民居，例如战国时代的一般建筑，多数简陋、狭小，天灾人祸面前脆弱得不堪一击。高桥留美子的《犬夜叉》中，民居基本都是木与草两种建筑材料的混合，倒也符合作品中"妖怪横行"的气氛。另外一类木质民居是木质混合砖砌的独门别院，比如《东京巴比伦》中的皇家与《夜叉》中的雨宫家。这类民宅有游着锦鲤的池塘，不同时节交替种着松竹梅菊的庭院，削得尖尖的竹子一端因为流水的压重而敲在一边的石块上，发出"当"一声脆响，以惊走院中的飞鸟（这种设计被称为"鹿威"，追求"禅"的美感）。住在这类房子里的人物大多有头有脸——皇家是掌管日本历代阴阳师的本家，雨宫家与政客富贾素有来往。这类民宅成为了一个抽象的社会符号，一方面，它是那样纯粹与美好，另一方面，又象征着森严的等级划分、至高的权力与不容否决的权威。就像雨宫豪宅之于雨宫凛，就是一座禁锢住他的沉默的坟墓，让凛无法像他的孪生兄弟一样在世界的另一端自由地呼吸。

大多数人或许更熟悉另外一种样子的日本民居——在狭窄而安静的小巷两边，两三层的民居像积木一样垒立着。每家都是独门独户，一间紧挨着另一间，仿佛打开这边的窗户就能伸手摸到对面的窗

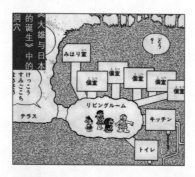

户。《哆啦A梦》里的野比大雄是20世纪末许多日本孩子的缩影，父亲是老实巴交的上班族，母亲是普通的家庭妇女。靠着父亲不多的工资，一家人住在东京某处的二层民宅中，台风来的时候需要一起加固门窗。由于房贷问题，经济上也没什么富余，所以野比每年暑假都只能眼巴巴看着小夫炫耀自己是去了轻井泽还是又去了夏威夷。

但在安达充的笔下，这样的家往往是浪漫的滋生地。他几十年如一日地为自己不同故事中的主角刻画着几乎一模一样的生长环境——有着小小庭院的二层小别墅，庭院里养了一只怎么看都更像是一只猫的笨狗，主妇妈妈从来不怎么勤快，因此住宅的布置也看不出什么

精心。如果邻居有青梅竹马的女孩，那么站在自家窗边凝望的时候说不定还能看到喜欢的女生换衣服的身影——这是安达充式的小小福利。在《TOUCH》中，上杉家生了两个儿子，邻居浅仓家生了一个女儿，两家出资在院子里为精力充沛的孩子们建起一座活动室，这间小小的房屋从最开始的玩具屋变成之后的三人自习室，再到男女主角看似学习实则恋爱的促进感情的必要场所。

店铺与民宅一体化在日本也是一种较常见的居住形式。比如《H2》里雨宫雅玲的家一楼是书店，《TOUCH》里浅仓南家一楼是咖啡店，《ROUGH》中二之宫亚美的家一楼是点心店，二楼才是她的房间。《名侦探柯南》里也有这种表现，毛利侦探事务所虽然开在二楼，但是三楼就是毛利一家的住所，一楼则是名为"波洛"的西餐店。

当然，现实生活中的日本，更多人还是住在或租来或买来的公寓里。《虎与龙》里曾经有这样一个耐人寻味的桥段：龙二带新交的女朋友惠美回家，惠美满心兴奋，以为他住在六本木那样的高档住宅区，结果被龙二带到一处像公共宿舍一般的地方，不足十叠的狭小房间住着三个男人。不解风情的龙二坐在自己连腰都直不起来的上铺拍着床单对惠美说："欢迎来到龙二的海底龙宫！"结果惨遭被甩："惠美最讨厌穷光蛋了！"

所以像东京那种寸土寸金的地方，拥有一幢大到可以让孩子们当鬼屋玩的别墅的工藤家，与在大阪府拥有一套古宅别院的服部家，都不能代表大多数普通日本人的生活。毕竟民宅对于一般市民的意义，首先还是满足"居住"的基本要求。《樱桃小丸子》里小丸子第一次去花轮家玩时，就曾对他家的洗手间比自己的卧室大而感到惊讶不已。而野比梦想中的房间其实也没有多么了不起——他只希望自己的卧室能有一张舒服的床，而不用每天都睡在榻榻米上。

西式住宅在动漫作品中同样不乏表现，一类是现实题材的作品，如《黑执事》。另外一类则是偏向架空舞台的幻想系列，在《进击的巨人》这部实在很难考证其具体时代背景的作品中，红色人字形屋顶的民宅被墙壁围绕的俯瞰镜头，倒也有几分雷根斯堡或者班贝格的样子（雷根斯堡与班贝格都是德国城市，保留了中世纪的建筑样貌）。

在另一类幻想作品中，住宅和故事一样远离现实，充满了工业现代感。贰瓶勉《BLAME!》中的钢铁废墟，颓败而毫无生气。《鬼泣5》

《进击的巨人》动画中的住宅场景

中纵横交错的街区与造型诡异的建筑，有着现实与幻想的疏离。《最终幻想7核心危机》中，女主角Arith住在看不到天空的巨大金属盘下，那座漏雨的教堂就是她的家。

那么，未来住宅会是什么样子的？《哆啦A梦》系列中对于未来的畅想数不胜数，无论是任意门、时光包袱皮，还是翻译芋头与记忆面包，都是大人们念念不忘的童年憧憬。可有关住宅的畅想，无非是穿越了时空的大雄去见未来的妻子静香，结果发现自己的家变成了公共厕所，而未来的住宅不过是一座座摩天大厦而已。

《心理测量者》中的住宅幻象

未来住宅在动漫作品中一般也有两种表现形式。一种是"倒退"型——人类对自然的破坏，导致居住环境越发恶劣，最后科技毁于一旦，社会倒退到某一节点。像CLAMP这种悲观主义者就很喜欢描述这种主题，在《TSUBASA翼》中，东京就是这个样子：被酸雨所困的市民只好以群居的方式回归穴居，在这样的居住环境里能够满足最低限度的生活需求就不错了，根本谈不上追求生活质量。

另外一种未来住宅则是多数人喜闻乐见的、科技文明下的产物。人类可以将房屋建立在任何一个星球上，气候、氧气、光照、水源都不是问题，因为科技可以满足一切需求。如果忘记带钥匙也不愁进不去家门，声纹验证、虹膜验证、指纹验证都可以轻松通过安全系统。《英雄传说Ⅵ：空之轨迹SC》中，有着高度文明的先民曾经生活在天上，那里到处是银色的特质金属住宅，室内的装潢就像一艘小小的宇宙飞船，庭院虽然有着花草，但是奔跑着的都是机械动物。民宅内设的AI系统就像是一位智能管家，处理着住宅中的一切事务。

如果不说得那么远到有些难以想象，我们就来看看《心理测量者》吧。这部作品的时代背景被设定为科技高度发达的"近未来"，在那个世界里，车辆可以自动驾驶，行驶过程中可以根据需要从一般轿车变成警车。人们也不再为自己该从事什么工作而烦恼，最高系统会帮助人们进行自我评估后推荐合适的工作项目。《心理测量者》中的住宅表面看来与一般建筑并无不同，主角常守朱的家就是随处可见的日式公寓，有着采光幽暗的玄关与并不宽敞的房间。但是，屋内的AI系统可以根据主人的需要更换家里的一切布置。动画中，常守朱说今天的房间布置想要维克多·霍塔设计的塔塞尔公馆风格，AI系统就立刻将房间布置成塔塞尔公馆的样子。这种技术仅仅是靠映像处理达到的视觉效果，并没有真的扩大房间面积，或进行空间移动，实现起来似乎并不是那么天方夜谭，因此这样的住宅设定既体现了未来性又不会太夸张。也许，这样的室内AI系统真的能在不久的将来被应用到民宅中——想想吧，在和煦的晨光中自然醒来，走到阳台就能看到富士山顶的积雪，回到有着榻榻米的和室，跪坐在小方桌前端起一杯茶，空气中隐隐飘来春樱的气息……

正因为总是有着想要实现的动力，人类才会一直为自我的想象力买单。也许人类在文明的道路上走得已经足够遥远，可是对于科技、对于自身的探索就像是数百年前的大航海冒险一样——为了更好的生活，探索活动永不停止，开拓者永远热衷扬帆。

徐绿 / editor 曾媛 / photo

如风向标引领

建筑杂志掠影

日本的建筑杂志种类繁多，除了综合性介绍建筑界信息之外，还有以住宅、生活方式等为主要内容的杂志。在受众方面，日本的建筑类杂志不仅在本国业界影响巨大，其中《a+u》《ja》等杂志更在世界范围内发行，成为全球建筑界的风向标。

《新建筑》(新建築)

《新建筑》至今已持续发行近90年，是新建筑社乃至日本建筑类出版物中最为权威的一本综合类建筑杂志，1956年开始发行英文版本。杂志每期刊登20件左右的建筑师作品，几乎囊括每年日本建筑学会赏的入选作品，可以说，日本的新晋建筑师们都以在《新建筑》上刊登作品为奋斗目标。

创刊人吉冈保五郎是日本著名的建筑记者（1888~1972年），一开始在大阪设立编辑部，后于1931年移至东京。为纪念吉冈保五郎，1987年，"新建筑奖"的前身"吉冈奖"设立，现在，"新建筑奖"已成为建筑界的新人奖，被称为"建筑家的龙门"。

《新建筑》主要介绍日本的建筑作品，包括民居、学校、商业大厦等各类建筑的新建和改造作品，也曾定期推出住宅特集（一般是每年2月刊及8月刊，后独立发行）。刊载作品注重设计上的美感，力求让业余人士也能直观感受到建筑的视觉效果。每部作品的讲解均会附带丰富的照片及详尽的平面图，对专业人士亦极具参考性，被视为建筑相关人士每月必读的刊物。

出版社	新建筑社
每册定价	2,000日元
发行间隔	月刊
发行日	每月1日
创刊时间	1925年

《GA JAPAN》

A.D.A.EDITA Tokyo为日本建筑摄影师二川幸夫1970年创立的建筑类出版社，除了出品《GA JAPAN》外，旗下还有两本不定期刊，分别是介绍世界各地住宅作品的《GA HOUSES》，以及介绍世界各地建筑作品（主要是住宅以外）设计图的《GA DOCUMENT》。

在搜罗作品方面，《GA JAPAN》可能稍逊于《新建筑》，但前者每期均拥有非常充实的对谈和论文，矶崎新、隈研吾、原广司都在杂志上进行过长期连载。

出版社	A.D.A.EDITA Tokyo
每册定价	2,500日元
发行间隔	双月刊
发行日	偶数月25日
创刊时间	1992年

《建筑知识》（建築知識）

《建筑知识》主要介绍建筑基准法令、施工现场使用的设备、各类建筑材料等业内知识，90%的读者都是一级建筑师等建筑相关人士。因为内容较为专业，这本杂志的受众并不广，但2012年发行的12期杂志均采用漫画人物作为其封面，这一创新之举吸引了不少读者的目光。

出版社	X-Knowledge
每册定价	1,680日元
发行间隔	月刊
发行日	每月20日
创刊时间	1995年

《a+u》

出版社	A+U
每册定价	2,500日元
发行间隔	月刊
发行日	每月27日
创刊时间	1971年

《a+u》是日本唯一一本以海外建筑为主题的杂志，日英双语，不仅将世界各地的最新建筑信息传递到日本，更传递到全世界，其读者遍及全球70多个国家，曾创下单册9万本的最高发行纪录。《a+u》的编辑亲自到访世界各地，挖掘有潜质的新锐建筑师。

"a+u"是"建筑与都市"（Architecture and Urbanism）的缩写，其中文版的刊名即为"建筑与都市"，于2005年引进中国。先由上海文筑国际出版发行，2010年起由华中科技大学出版社建筑分社编辑、出版与发行。每期中文版均根据中国国情，除了引进原刊内容，还逐步加入自组的稿件。

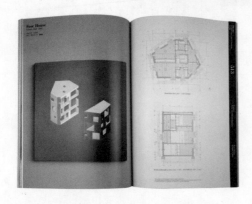

《ja》

新建筑社出品的季刊，刊载日本建筑业最新的话题与潮流。与《a+u》相反，这本杂志主要是向海外传递日本的建筑信息，每年冬季号为"建筑年鉴"，介绍当年度日本建筑业的整体趋势。《ja》同样是一份日英双语杂志，在130个国家发行。

出版社	新建筑社
每册定价	2,500日元
发行间隔	季刊
发行日	3、6、9、12月的10日
创刊时间	1956年

《住宅特集》（住宅特集）

《住宅特集》一开始由《新建筑》一年两次发行，后独立为住宅类建筑杂志，以月刊形式出版。《住宅特集》的创刊主编是石堂威。石堂威在1980~1991年间一直担任《新建筑》主编，其中1985~1988年这三年期间同时兼任了《住宅特集》主编的工作（后来又离开新建筑社担任《GA JAPAN》的创刊主编），奠定了这本杂志的基石。

从目录中打乱页码顺序，将作品列表放置最前的做法即可看出，《住宅特集》十分注重作品的部分。《住宅特集》上刊登的作品以个人住宅为中心，因此介绍时会特别关注住户的委托内容，以及入住后的反馈。另外，在作品选择方面，偏向新潮、前卫的设计，每个作品用8~12页的篇幅进行详细介绍，辅以大量照片与平面图。《住宅特集》不仅是建筑相关人士的专业读物，对日后准备起建新居与改造旧房的住户来说亦是一大参考。

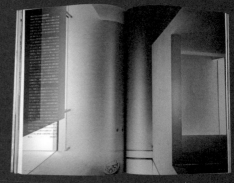

出版社	新建筑社
每册定价	2,000日元
发行间隔	月刊
发行日	每月19日
创刊时间	1985年

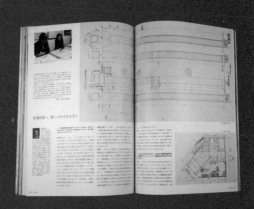

《住宅建筑》（住宅建築）

出版社	建筑资料研究社
每册定价	2,450日元
发行间隔	双月刊
发行日	偶数月19日
创刊时间	1971年

　　《住宅建筑》是一本面向专业人士的建筑类杂志，因此，每期刊登的内容不仅包含建筑设计方面，建筑材料与技法相关的信息也十分丰富。此外，详细介绍每个建筑作品从平面图、断面图，到各种设计细节的资料，这些数据对建筑师和施工方都是可以直接参考的。杂志每期报道当下最新的住宅类作品，但和《住宅特集》相比，《住宅建筑》选取的建筑作品在设计上较为保守。

　　《住宅建筑》的副标题是"思考作为文化的住宅"（文化としての住まいを考える），每期杂志均有一个特定主题，如介绍根据某地风土人情而建造的住宅，或者以某个人物、事务所的作品为中心，讲解其住宅的设计特色。此外，《住宅建筑》定期召开演讲和组织参观活动，将杂志报道与线下活动结合起来。

《CHILCHINBITO》（チルチンびと）

出版社	风土社
每册定价	980日元
发行间隔	季刊
发行日	3、6、9、12月的11日
创刊时间	1997年

　　比起其他建筑类杂志，《CHILCHINBITO》更像是一本思考住宅与生活方式的杂志，内容较浅，受众较广。相比起建筑师作品和房屋建造商的商品，《CHILCHINBITO》更倾向于挑选可以反映住户生活方式的住宅，为读者介绍安居的智慧与技巧。

日 和 手 帖

【別冊】

黄铜筷架系列

三种形态的开瓶器名为「WAKU」「MIKAZUKI」「NISSHOKU」，在日语中的意义分别是「框架」「新月」和「月蚀」，这些形态优美的黄铜物件，初看并不像是开瓶器，但拥有令人惊讶的实用性，可以方便架在瓶颈上。FUTAGAMI」制造。

晶麒麟获奖作品 KAMI 系列木杯

KAMI 木质马克杯选用北海道的栓木为原料，手工打磨制作，厚度只有几毫米。「KAMI」在日语中是「纸」的意思，这个名称体现了此系列产品的轻薄质地。

高桥工艺制作

KAMI 系列木盘

高桥工艺制作

和日 Online Store 有售

和日 Online Store 有售

黄铜餐具系列

餐具的柄部为黄铜，头部镀银。金属餐具会由于氧化作用逐渐变色，随着时间的推移更换具品位。每套餐具配有名为「RYUSEI」（流星）的餐具架以及放置餐具架的木制盒。FUTAGAMI 制造

和日 Online Store 有售

黄铜文具盒系列

表面经过原油铸件处理的黄铜文具盒，三种不同规格可以组合成一个整齐的长方形

FUTAGAMI 制造

黄铜纸镇

三种形状的纸镇，尽管都是多面体，握在手中却像核桃一样圆滑

FUTAGAMI 制造

大治将典：它在生活中是什么样子的？

On & Design
text & interview
图 photo

在2011年陈设中国——晶麒麟奖的颁奖典礼上，日本设计师大治将典一人抱揽两座晶麒麟奖杯。他与高桥工艺合作的KAMI系列木制品，以及与FUTAGAMI（二上）合作的黄铜开瓶器，都在晶麒麟奖的产品组获奖。而在此之前，大治将典就因为在东京的Interior Lifestyle展上发表了黄铜系列制品而在日本受瞩目。

大治将典在大学时专攻环境设计学，毕业后，先进入建筑设计事务所和平面设计事务所工作。事务所的工作仅仅持续了两年，他就成立了自己的工作室，开始独立的产品设计工作。他的设计涵盖生活的各方面：从餐盒到书皮，从灯具到随身背包，以餐具和文具，再到家具，所涉及的材质也包括木、金属、陶瓷、帆布等多种多样。这些产品风格简洁、质朴沉稳，并且带有浓浓的生活气息。

知日：大治先生大学的专业与建筑相关，为什么后来又去了平面设计事务所？建筑设计、平面设计和现在做的产品设计有什么相通点和不同之处？

大治将典（以下简称大治）：刚毕业的时候，我处于一个迷茫的状态，对于自己适合做什么、想要做什么，都还不清楚。毕竟从自己的事务所工作，依然很迷茫。后来转移到平面设计事务所，还是觉得不太对。摇摆不定之时，我成立了自己的事务所，开始制作和售卖产品。那个时候我终于恍然大悟：「就是这个！」

我发觉每个人都有各自擅长的领域，我喜欢相对于空间设计更加立体一些、相对于平面设计更加物质化一些的、有质感的东西。这可能就是建筑、平面和产品设计的不同之处吧。

知日：事务所的工作仅仅持续了两年。在那之后是做怎样的想法成立了自己的工作室呢？

大治：在那之后，就像前面说的，我不清楚自己擅长和喜好的东西，但又迫切地想弄清楚。现在想起来，有点过于急躁了。（笑）我想做需要自己承担起责任的工作，若非如此，就无法真正了解设计的意义，所以在25岁就独立了。

知日：独立后就开始了产品设计吗？

大治：独立后说自己是「自由设计师」，其实并没有工作。我考虑该做些什么，于是设计了一本方便自己随身携带的速写本，并自己制作出售，这就是我最初的产品。在不认识销售方和相关业者，也不知道规矩和几乎一无所知的情况下，就自己在事务所里进行装订，做出了一大堆库存。尽管是有些鲁莽的举动，朋友们却觉得有趣，开始在东京的选品店里出售，并且销售一空。

这个经历让我完全理解了产品的感染力。平面设计与产品的联系、自己适合的领域，以及同伴与相关业者的重要性。

知日：您怎么理解「日用品」这个概念？

大治：我一直在思考一个问题：「它在生活中是什么样子的？」所谓的「生活」，不仅是指物品被使用时以及被放置时的状态，制作物品的工匠或生产物品的公司，作为传达者的店铺和媒体，以及他们各自拥有的历史和未来，所有这些都包含于日用品的概念之中。

知日：您设计的产品给人一种温和感，这与您本人的性格有关系吗？

大治：与其说与我的性格有关，不如说是我将制造者所培育出的优秀素材，以及他们精良的技术真实地展现了出来。我觉得这种温和感，是从产品制造者的诚实中渗透出来的。

知日：您设计产品的出发点是什么？

大治：我想尽自己的能力去都助有困扰的人们，解决麻烦的事情。

知日：您的作品使用了各种各样的材质。您是如何选择材质的？最喜欢的材质是什么？

大治：我很少自己选择材质进行设计。我与各种材质的生产者进行商讨，然后开始工作，所以产生了各种材质的产品。我并没有所谓的最喜欢的材质，我喜欢的是活用某种材质，将它的特质感来制作物品，于是有了那些铸态的产品。

知日：您的黄铜作品几乎都是铸态，这是出于什么考虑？

大治：FUTAGAMI所在的富山县高冈市是约有400年历史的黄铜制品生产地。那里以制作佛教用具为主，所以几乎没有表面打磨光亮的制品。我觉得黄铜铸造从砂模里倒出来时那种粗糙的质感非常美，所以利用这种质感来制作物品，于是有了那些铸态的产品。

知日：黄铜餐具系列使用了黄铜和银两种材质。为什么餐具的前端要使用银呢？

大治：这套餐具系列使用黄铜铸造后，仅在前端镀上了一层银。黄铜带有浓重的金属味，用来进餐会让人无法好好尝食物的味道。对于这一点，我做了很多尝试，最后选用了金属味不重，但跟黄铜一样表面氧化后会变得有质感的银镀在表面。

知日：关于与您合作的生产者，请谈一谈您的想法。

大治：日本的小型手工业生产商面临着很多困难。但是跨越地域、国家、文化的现代社会生产方式，能够在尊重他们各自地方性的基础上帮助他们。为了让大家更多地分享这方面的知识和经验，我也发起了除设计之外的活动。[tetete协动组合] 就是让制作者、传达者、使用者三者加深相互之间理解的活动。我希望能支援世界上的伙伴们往更好的方向发展。

知日：目前正在进行怎样的产品设计？

大治：目前在与有田烧品牌JICON（磁今）和轮岛涂品牌WAJIMAKIRIMOTO（轮岛桐本）合作设计新的产品。我想要在尊重传统技艺和材质的同时，设计出在今后的生活中方便使用、令人喜爱的产品。

「铸态是指由熔融的金属直接浇铸成形凝固而成，直接从砂模中取出未经过热加工的状态。」

「てむて协动组合」「つくる」在日文中意「作り手」「伝える手」「使う手」，这里的三个「て」，指「作り手」（制造者）「伝える手」（传达者）「使う手」（使用者）。

关于黄铜

黄铜是铜和锌的合金。大致以6:4的比例为基准，但也可根据需求的特性来变比例或加入添加物。黄铜具有良好的抗腐蚀性、磨损性、色泽与气味也较佳，自古以来就常被用于工艺铸物和机械铸物。

铸态黄铜在FUTAGAMI的诞生经过

关于铸态

将铸造后的黄铜制品从砂模中取出后，表面就保持铸态状态。作为一种特殊的质感来呈现。尽量不破坏其所持有的独特味道、特性、风格，以及浇灌时金属与砂模间发生的化学反应完整展现了出来。同时，因为不使用定色剂等材料加工，物品随着岁月的变迁，在使用中会愈加发散出成熟的气质和生活的气息。

大治将典

1974 出生于千叶县广岛市江波町

1997 毕业于广岛工业大学环境学部环境设计学科

1997 就职于建筑设计事务所

1998 就职于平面设计事务所

1999 辞去事务所工作，联合创立 msg

2003 [Chrono Mirror] 获 JIDA Dyson
设计大赏二等奖

2004 成立 OjifcDesign 公司
[Texture Index & Seal] 获 Kokuyo (国誊)
设计大赏二等奖
[Switch Tray] 获 Kokuyo (国誊)
设计大赏二等奖

2009 [FUTAGAMI] 系列 获
Interior Lifestyle Award

2011 [MAGEWA] 系列 获 Good Design Award
[KAMI 系列] 与 [FUTAGAMI 系列]
获陈设中国——品麒麟奖
(Jing Qiling Award)

2012 与志同道者展开以联系制作者、传达者、使
用者三者为目的的 [tetete 协动组合] 活动

大治将典的办公桌
照片里的黄铜铸态台灯出自大治先生自
己的设计

用铸造用的原型制作砂模

将在 1200℃ 的高温下熔解，成分经过
调整的黄铜灌注进砂模

以锉刀或砂纸加工，确保不破坏铸态表
面的质感

将砂模打碎取出铸物，去除汤道（浇注
熔解的黄铜的通道）等不需要的部分

检验产品，确认铸态表面状况以及整体
的氛围和平衡

淘宝 APP
即刻扫描收藏失
OnlineStore

周赟、张艺 | interview　张艺 | translate　秦乐天 | text　曾媛 | photo

黑川雅之
K&K JAPAN 社长
DESIGNTOPE 社长
物学研究会 会长

[People]　专访黑川雅之

比起合理的人生更想要过美丽的人生

△　黑川雅之，1937 年出生于爱知县名古屋市。1967 年获得早稻田大学建筑博士学位，并成立黑川雅之建筑设计事务所。曾获每日设计奖、Good Design 金奖等多个奖项，作品被纽约当代美术馆选为永久收藏品。作为世界著名的建筑家、工业设计家，他的作品涉及灯具、照相机、饰品、手表、工业产品等各个方面

△
1   IRONY 这套作品是日本传统铸铁工艺的现代表现。铸铁原本是茶道中加热器
的主要原料。但随着技术的发展，渐渐不再需要这样的工艺了，因此出现很
多无法销售的壶盖和把手，黑川雅之先生也由此产生利用它们制作现代生活
用具的想法。这套作品原封不动地使用了日本手艺人做出的传统工艺品，可
以算得上是一种编集组装的设计

△
2　K-shop 的 Logo 由三个三角形朝向三个不同的方向
　　组成，代表黑川雅之姓的 K，该 Logo 由平面设计
　　师石冈瑛子为他设计

△
3　IRONY 系列作品之一，茶壶把手是由日本最后一
　　位打铁制作镂空把手的手艺人武田一男制作，配
　　有两个壶盖，分别为铸铁和铸铁涂漆

△
4　IRONY 系列作品之一，壶身由清光堂第十代佐藤
　　琢实制作，壶盖和把手则是黑谷哲雪的作品。内
　　部装有过滤器，可以作为茶壶，也可用来品酒

　　黑川雅之有一个名为"曼荼罗纪行"的私人博客，黑川雅之在这里讲述自己对旅行、设计和哲学的感悟。

　　2006年写下的《日本美学畅想》(日本の美意識を想う)中他为日本多样的气候惊叹，认为由此衍生出了日本人多样的美学，并且是独属于日本人的细腻感性的美学。为"消亡"而欢呼的意识是日本人美学的出发点。这种美学延伸至日本的街道、建筑以及各个空间。黑川雅之在这其中感受到了可以引领世界审美的力量。而在2010年发表的《真善美》中，黑川雅之认为古人所说的"真善美"与日本人的美学意识也是相通的。这三个字分别代表着"自然的和谐"、"人的和谐"与"生命的和谐"，也即一种把死亡都包含在内的与自然完全的融合。"如果说一定要为日本人树立一个高高在上、万人崇敬的神的话，那个神便是'自然'了。"以自然为神，以消亡为美，由此大概已能窥得几分黑川雅之的美学逻辑。

　　他在《设计之道》(デザインの探し方)一文中是如是阐述对设计的理解：

　　"一直以来我都把设计看作是素材所弹奏出的音乐。素材原本深埋于地球表面，而我要做的只是将地球的真实感觉表达出来。……设计只是通过聆听来挖掘出素材本质的过程。形态并不是我们给予的，而是素材自己显现出来的。"

　　2009年，他登上白雪皑皑的安比高原并写下这样的话："为人们设计东西并不等于去讨好别人。当钢琴家为听众而演奏时，就很容易成为一场过度讨好听众的演出；而当钢琴家为自我而弹奏的时候才是众人为之感动的时刻。设计也是如此。"这也许可以理解黑川雅之的设计从未刻意去迎合，却依然取得了商业上的成功。

　　"叫我美的猎手吧。"一边忠实于日本人的美学，一边恣情创作，在黑川雅之自己的眼中，他便是这样由好奇心驱动着，为美而穷极一生的。

知日○ 您创作的灵感来自哪里？

黑川雅之（以下简称黑川）● 灵感，我也想知道哪里可以得到灵感，如何找寻灵感。我想，我生存在两个世界，一个是外部的现实世界，另一个是存在于我脑海的脑内世界，两个世界并存，不管外部世界在发生什么，也不管我在哪里，我脑内的世界一直在运转着，不时会冒出很多碎片的想法。

知日○ 您是建筑设计出身，建筑设计对您的产品设计有什么影响呢？

黑川● 我思考设计时，脑海中对于物体只有大小上的区分，对我来说照相机是建筑、电话是建筑、都市也是建筑，并不存在从建筑设计到产品设计的影响。

知日○ 您曾经说一个设计师不仅要有设计的思想，还要有商人的头脑，将产业和文化微妙地结合。您是如何做到这一点的？

黑川● 我认为艺术、技术和产业是一个密不可分的三角形。比如说一把椅子，若是从艺术、技术和产业三个方面分别看都是出色的，那么它就是好的设计。如果一个设计在某一个方面不够好，而在另一个方面非常出色，也不能说是好的设计。所以不能说产业是有还是没有，它一直都存在。

知日○ 您能谈谈关于日本"器"的看法吗？

黑川● "碗"是"器"的一种，有用石头制作的碗，也有用木头制作的，日本人是非常重视木制碗的。也许在很早以前两种都有，但为什么日本人就那么喜欢木制的碗呢？按照日本的习惯，必须要将碗端在手里，放在嘴边，让碗直接与嘴唇接触。而按照中国的习惯，虽然端着碗是可以的，但是用嘴接触还是不太好，所以会备有勺子。而韩国的礼节，甚至都不允许用手直接接触碗。即便同在东亚圈，碗与人的关系都如此不同。可以看出，日本人是非常重视手、嘴唇与碗的关系的，所以，碗的重量不能太重，触感以及制作它的材料都必须要柔和。

知日○ 也就是说，素材是最重要的吗？

黑川● 素材与一切存在相关，是最重要的概念，不是吗？而在现在这个图像化的时代里，比起材料人们更加看重造型和色彩。木头有木头的颜色，豆腐有豆腐的颜色，它们并不是单纯的茶色或白色。因此，我希望人们能够更加重视素材本身。

知日○ 日本的手艺人在传统工艺上有很高的水平，他们也在致力于保存传统工艺，在您看来，传统工艺的保存对于现代化的制造有怎样的意义？

黑川● 中国有很多手工、传统工艺，日本也一样，虽然很多已经失传，但政府仍然不遗余力地帮助传统工艺和产业的振兴，现在人们保护传统工艺的意识也有所提高。

"手工"与"美"直接相关，它需要知道什么是美、如何创造美，并且，它不是按照既定的美的概念来制作，而是在制作过程中发现什么是美。

设计，是将自己认为美的东西先预设好再进行制作，但"手工"则没有这种"预定的调和"，而是通过制作的过程发现意想不到的美。按照设计图纸的设计容不得一点瑕疵，若是偏离了预定的设计，就必须扔掉重来。而工艺直面材料，与材料对话。切割木头时为了不让木头碎裂要根据木纹的走向不断调整切割角度，对于不同硬度的木头也会有不同的处理方法。在工艺制作中，工匠的手时时刻刻都与材料在对话，他们的手上拥有智慧，他们用手的智慧来支配各种制作过程中发生的偶然。在无法预料的偶然中，他们寻找的是那种足以让他们发出"啊"的一声惊叹的事物，跨越了设计中的精心计划，直接与美的事物相连。这大概就是我喜欢工艺的原因吧。

有一种制作茶碗的工艺叫作"乐烧"，在制作"乐烧"的手艺人中有一位乐吉左卫门。他在制作乐烧时，如果不满意就将它打碎，直到出现一个美得让他自己都为之惊异的乐烧为止，为此他大概要打破六七十个才会出现这样一个极其美丽的乐烧。这完全是从偶然中诞生的美，图纸是无法做到的。但如果是我去做，我不懂其制作工艺，就算让我做三百个、一千个，大概也出不来一个好的。因为传统工匠之手拥有呼唤偶然的能力，而我却没有那种能力。所以，"预定调和"的设计界和呼唤偶然之美的传统工艺界是完全不同的。

知日○ 您牵头了"物学研究会"，将日本的丰田、佳能等代表性的制造企业的设计师聚集在一起，开展了各种各样的活动。您创办"物学研究会"的初衷是什么呢？现在的主要研究成果又有哪些呢？

黑川● 日本的设计界有些特殊，不知为何将工业设计和产品设计分开了。产品设计只是包含收音机啊、电视啊、电话等的设计，而家具等则属于工业设计的领域。我认为把工业设计叫作产业设计更为恰当，因为它与产业密不可分。它的来源一是发源于美国的商业主义设计，一是欧洲的建筑师主导的包豪斯的设计，他们的理念影响了当今世界的制造业。在日本的工业设计师中有99%都是企业职员，佳能大概有200人左右的设计师，东芝、丰田等企业里大概有上千人的设计师，他们都分散在各自的企业里闭门造车。我作为独立设计师，想将这些企业中的设计师都解放出来，在"物学研究会"里面，他们相互交流，能够获得更为广阔的设计思维。我和索尼的设计部部长是朋友，我对他说了我的想法，得到了他的支持，他帮我召集了很多设计师，于是成

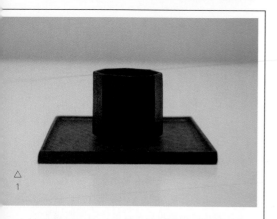

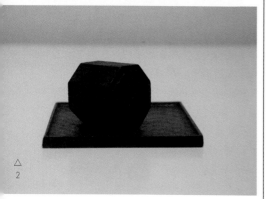

IRONY PS 方盘
1 2

IRONY PO 碟
3

立起了"物学研究会"。在"物学研究会"成立的十年里，一直很活跃。

近来，把日本单独作为一个小岛国的时代一去不复返了，现在应该把亚洲看作一个整体。如果把中国、日本、韩国单独作为国家来看的话，会变成政治问题，而在政治的世界里始终充斥着不愉快。我总是把我自己当作"亚洲人"，生活在文化而非政治之中，因为在文化中，国家之间的界限没有了，亚洲文化成为了一个整体。亚洲的思想文化是如此优秀，我想在欧洲文化、美国文化之后，亚洲文化势必将成为世界的中心。所以，我梦想着"物学研究会"也能延伸到中国来，首先在北京成立，将日本的"物学研究会"变成亚洲的"物学研究会"。

知日○为什么您会认为亚洲文化会成为世界的中心呢？
黑川●近代文化诞生于欧洲，而近代设计也起源于德国。欧洲90％以上的人是信仰基督教的，也培育了历史悠久而灿烂的基督教文明。走在欧洲街头会被那里壮丽的建筑和景观感动。从欧洲诞生的近代文明是基督教的文明，是一神教的。上帝照着自己的形象首先将人创造出来，然后创造了自然。按照这样的想法，人与自然就是不同的存在了。这种思想直接渗透到了近代文明当中。一神教最大的问题就是，除了自己信仰的神之外，其他的神是不被承认的。因此，欧洲的土著宗教基督教的发展历史是充满杀戮的历史，将与自己的立场、信仰不同的文化都抹杀干净了。同时，在中东发展起来的伊斯兰教也是一神教，从十字军东征开始，伊斯兰教与基督教的宗教战争就持续不断地进行着。我想这两种宗教不会得到和解，而会一直争斗下去。美国对伊拉克发起的战争我认为完全是宗教战争。

基督教在欧洲培育出了灿烂的文化之后，在美国又以民主主义的形式发展起来。与欧洲以上帝为中心的世界观不同，美国诞生了以人为中心的世界观。但是以人为中心的文化无视了自然，造成了自然与自然界秩序的破坏。

而东亚文化是以自然为中心的文化，与欧洲人以神为中心、美国人以人为中心的生活不同，亚洲人是以自然为中心的。美国文化从来都认为只有活着才有意义，但是亚洲文化却认为死也是一件伟大的事。花开花落，都有它的美，生与死包含在轮回之中作为自然的一部分，它们都是美好的。这种东亚的思想与欧洲近代思想最大的区别在于它对多样性的肯定。与只承认自己的信仰而否定其他一切信仰不同，亚洲的文明会认可与自己不同的有趣的文化，并与之握手。因此，我相信亚洲的文明能够带来世界的和平。

知日○在过去的采访中，您曾经说到外国人在谈起日本人对美的追求时，经常将其上升到哲学的高度是不对的，您认为明确哲学与美学的区别是做好设计的前提。可以谈谈您对这种区别的理解吗？

黑川●在一神教的世界中，有合理与不合理两种观念，神是唯一可以证明一个东西合理与否的标准，因为神创造了世界，神永远是合理的。好与坏，合理与不合理，这是基督教式的思维方式。近代思想当中的合理、客观等的出现都是基督教影响的结果。但是，美在不同人的眼里是不一样的，所以美有无数种，一百个人眼里有一百种美，所以，我在思考设计和人生的时候，比起合理的人生更想要过美丽的人生，因为那才是属于我自己的人生。无法为"合理"去死，但却可以为"美"去死，因为美是感动，是足以让人为之去死的感动。哲学，是为了证明神与人的和谐，而在基督教的世界里产生的，美学是自然主义的思维方式，比起哲学，美学更加适合以自然为中心的东亚。

知日○您曾经说过自己的目的是发现美，您对于美有什么特殊的定义与偏好吗？

黑川●长久以来一直有很多人问我这个问题，"美是什么"，对于这个问题，我想永远都不会有结论的吧。对我来说，美的东西，换而言之就是有生命的东西。生命中有悲伤也有痛苦，让人感动也让人害怕，它同时包含了生与死。在佛教里，有涅槃一说，终极的彻悟就是涅槃的境界，佛祖释迦牟尼将涅槃称作修行的最高境界，而涅槃也有"死"的含义，所以我想美的极致说不定就是死亡呢。

△　KCOPPER 腕表由瑞士 PIERRE JUNOD 制造，是
4　日本传统工艺与瑞士精准技艺的碰撞

△　GOM 系列室内装饰配件，这些把手带给使用者柔
5　软的触感，利用橡胶的特性创造了使用上的便利。
　　这组设计 1972 年问世后曾入选纽约当代美术馆
　　（MoMA）的收藏并多次获奖

△
5

丁一可 | text & photo

【 Books & Magazines 】　杂志《ku:nel》

食与眠
中的
慢生活

ku: ＝クウ＝食う
nel ＝ネル＝寝る

ku:nel

ストーリーのあるモノと暮らし

［クウネル］
定価＝680yen
2013.3.1

よろず相談
うけたまわり□

早春の窓辺
焦げめはお宝、ボクのグラタン
祈りの森へ
吉本由美のふるさと案内
わかめが春をつれてくる

江國香織姉妹の往復書簡
川上弘美「金色の道」

食与眠，从这个名字便可知道《ku:nel》这本杂志关注的是我们生活中最基本的两件事。《ku:nel》与我们所熟知的生活方式杂志《BRUTUS》同属 Magazine House 出版集团旗下。起初，它只是女性杂志《anan》的增刊，2002年4月～2003年4月期间发行了3册。2003年9月，《ku:nel》开始作为独立的女性生活方式杂志隔月发行。

所以，《ku:nel》的读者也应当是这样的一群人：忙碌的她们对生活有独立追求和绝不马虎的态度；她们或许也有忙碌的日常生活，但一定会抽空停下脚步来喝一杯茶，翻阅杂志和书籍；她们精心挑选生活物件，重视事物的自然状态和自己的喜好胜过华而不实的外表。

与其他的综合性生活方式类杂志一样，《ku:nel》每期会有一个特别企划的专题，有固定的书籍、音乐、电影、居家等栏目，有时尚大片和美容情报。但是翻开杂志，清新的生活场景照片、大篇幅的料理特写，以及杂志中频繁登场的手写体和手绘元素，让杂志充满浓郁的生活气息。带有沉静感的色彩调性和排版上别有用心的小细节，传达出《ku:nel》独特的世界观和审美。

kunel 君和 kunel
的歌

　　在每期封面上以不同姿态出现的这个肚子圆滚滚的黑色小人，是绘本作家坂崎千春为《ku:nel》创作的形象 —— kunel君。kunel君居住于绿色的无所事事星球，年龄性别不详。最喜欢的事情是吃饱睡足，不擅长争执，朋友很少但是很会自娱自乐。虽然kunel君看起来懒懒的，但它能给人治愈感，因为它会提醒人们回归生活的本原 —— 吃饱睡足是很重要的事情。Kunel君时不时也会在杂志里出现。

　　除了独有的形象代言人，《ku:nel》还有专属的歌。无意间点进《ku:nel》网站上"kunel的歌"链接，瞬间就被温暖的旋律融化了。音乐人原田郁子为《ku:nel》创作的《哼唱》（はなうた），短短几句歌词和安静的钢琴，像极了《ku:nel》恬淡的生活气息：

看了今天的天气 于是穿上心爱的帆布鞋出门
啦哩哩哩啦哩啦哩哩 啦哩哩哩哩啦哩啦哩
今天一天也请 多多关照

往记 後国 書簡 編 妹 嘉 話

154

一起探讨
生活中的问题

封面上有许多kunel君出场的这一期，主题是"生活咨询"。这期的专题里集合了来自《ku:nel》的朋友和读者们的各种问题，这些问题大家可能都会遇到。绘本作家坂崎千春的情况是："完全昼夜颠倒，但每天还是能睡8小时。"中国出生的平面设计师林子的问题是："可以把喜欢的事情作为职业吗？"还有很多读者提出："总是无法控制料理的口味。"《ku:nel》也邀请了料理师、摄影师、插画师等许多人一同来解答这些问题。

充满讨论氛围以及朴实感的一期专题，阅读的过程如同大家聚在·起进行了一场其乐融融的座谈会。看着这些"咨询"和"解答"，会不禁开始思考自己的生活。《ku:nel》在以这样的方式走近更多人的生活，同时也以这样的方式让读者去关注生活里那些容易被忽视却又值得思考的事情。

处处散发着亲切感的《ku:nel》，围绕生活里最基本的内容向读者发送"有故事的事物和生活"信息，也引导着一种关注本原的慢生活态度。

Photographer

泷泽宏 ｜ photo
周赟 ｜ text
李洁曙 ｜ interview & translate

个人主页
http://takizawahiroshi.jp

[photographer]

泷泽宏

打破孤独的月球之石

1983 年 出生于日本埼玉
2006 年 毕业于目白大学人类科学系心理咨询专业
2010 年 入选第二届摄影 "1_WALL" 展
2011 年 获 "写真新世纪" (写真新世纪) 佳作奖

东京的年轻摄影师泷泽宏的拍摄对象是日本古老的岩石。2012年，在巴黎举办的第五届国际摄影书节 (International Photobook Festival) 上，他的摄影书《月球之石》(月の岩) 进入小样奖 (Dummy Awards) 的提名名单。并非摄影科班出身，泷泽宏毕业于目白大学人类科学系心理咨询专业，这或许可以帮助我们理解他近乎"异端"的摄影方法。

他的照片看起来带着一些所谓的小众的、私人化的审美，以至于有人形容为"Tumblr look"，但他自己对摄影的解释却与美学内容毫不沾边。

"我之所以摄影的原因很可能是基于我想了解每件事物本源的欲望。当然，对事物本源的看法不止一种，取决于你的立场。然而，真相只有一个。也许，要接受这个悖论，预想和经验是必需的。在这样的悖论中要了解每件事物的本源是很困难的，但我会在作品中继续对比内在和外在，因我相信万物皆有关联。"

"月球之石"是泷泽宏为自己摄影书起的名称，收录了他截至2012年拍摄的16幅摄影作品。泷泽宏之前拍摄的《梦的出口》(夢の出口) 系列作品都是实拍，大多带着朦胧诗意的镜头感。而在《月球之石》中，泷泽宏也用到了摆拍和后期制作的错觉，带有更多的实验性和观念感，使画面更具表现力和难以言喻的神秘诡谲味道。

新版《月球之石》封面中心的照片，也是整本摄影书开篇的第一张照片，一块石头悬浮在处理过的米黄色的背景上，石头的肌理、色泽的层次璀璨绚烂。泷泽宏能清楚地回忆起自己第一次站在一块岩石前时被震慑的感觉："它的力量势不可挡，几乎压倒了我。它是活着的。我从没想过自己会对一块石头抱有这样的感情。当我在暗房里冲印这些照片时，我受到另一种情绪的冲击。岩石被放大的表面让我以为自己注视着月球的表面，或者说我所凝视的正是月面本身。一块地球上的岩石带我飞上了月球，之后又去了其他的地方。如这幅图像一样，

---

¹　Tumblr，轻博客网站的起始，是目前全球最大的轻博客网站。

156

岩石，本篇所有作品均选自《月球之石》

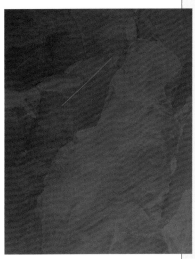

心灵运输

宇宙间的每件事物都互有联系。然而，这只发生在当我们的思想从对物体的记忆和其本身的历史中游移转换的时候。它潜藏在你与社会的联系方式之中，你的思考方式，世界作用于你的方式，你在哪里、如何过生活、遇见谁、如何谈话、如何感知。人类从诞生起就是孤独的生物，但在这幅图像中，我们彼此连接。"

2010年，泷泽宏的系列作品《梦的出口》在东京 Graniph 画廊发表。在他的理解中，"梦更像是一种完完全全的发明物，因为它是在你无意识间自己生成的。因此，奇怪的是梦似乎比现实世界带给我更多的真实感。为了表达自己对这种怪现象的解释，我条件反射地拍摄那些吸引我的东西。"他从中择取了32幅照片，汇集为摄影集《梦的出口》。

泷泽宏说自己拍摄"梦（内在，主体）"和"岩石（外在，客体）"，是想以此来比较主体和客体是如何存在的。与《梦的出口》

相比，《月球之石》是他将镜头和思考调转向客体的创作："这是我第一次制作外在表象 —— 岩石的收藏集。我选择可以在主体和客体记忆中转换的物体，以此来捕捉事物的本质。比如，我选择了日本最古老的、距今五亿年的岩层碎片。因为它存在、变化了特别长的时间，所以似乎包含了万物。因为意识到万物有联系，沉迷于岩石中，并带我们去向月球。无论身在何处，你都可以体验这

种近乎幻觉的兴奋感。数以万计的图像在你的脑海中闪回，它们似乎都变得似曾相识，你会突然间忘记那些孤独的日子。

所有事情都混沌一片，无法辨认。万物归一，一化万物。那块岩石经历了上亿次这样的过程，这正是它吸引我的原因。据说地质学家用陨石来研究地球的起源，研究外在可以帮助人们更好地理解内在，这或许就是例证之一。"

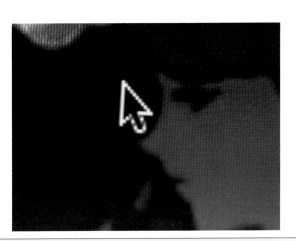

带我飞去月球

知日○你从事摄影的契机是什么？

泷泽宏●我从大学时代开始摄影。我的专业是心理学，但一直想尝试点儿新的东西。因为摄影只需要一台相机，相对来说入门简单些，这是其中的一个契机吧。毕业以后，我一边在摄影棚干活一边自己创作。现在我已经辞掉了摄影棚的工作，专心于摄影创作。

知日○你都用过哪些相机？

泷泽宏●刚开始摄影时用的是35mm的胶卷相机，那之后用过中型、大型相机。现在数码相机和胶卷相机都在使用。

知日○你最喜欢用哪款镜头？为什么？

泷泽宏●根据拍摄对象而定吧。微距镜头、望远镜头都会用，在拍摄远景等必要时候也会用广角镜头。最近个人比较喜欢望远镜头。好像在偷看另外一个世界一般，那种感觉很棒。

知日○你的作品大多是彩色照片。可以聊聊你作品的风格和理念吗？

内里的声音

泷泽宏●现在拍彩色照片应该是因为我用彩色的眼睛在看待事物吧。即使是同一事物在不同的观察者看来也是不一样的。不过这个世界是彩色的，在这一点大家的认识是一致的，所以我选择拍摄彩色照片。拍摄黑白照或是其他形式对现在的我来说反而很难。因为那些已经无法展现我想要的色彩形象。

知日○你似乎很少拍人，更愿意拍摄物体等，有什么拍摄习惯吗？

泷泽宏●平常生活中我也拍摄人物，不过很少拿去当作品。因为那样总会受些我控制不了的因素干扰。比起充满偶然因素的对象，现在我更倾向拍摄具有必然性的景物。虽然无法完全操控成像结果，但尽可能地想创作自己可以掌控的作品。另外，我也坚信拍摄实际已存在的事物，更能磨炼拍摄水平。我现在有两种拍摄方式，实地拍或者是棚拍，有时会把去山上等地捡回来的石头带到摄影棚里拍摄。

知日○《月球之石》以石头为题，而新版里面并不全是石头的照片，

为什么会取这个名字呢？

泷泽宏●"月球之石"这个标题其实只是比喻。制作前一版本的《月球之石》时，我把岩石的照片放大后发现那表面就像月球的表面一样。更准确一点说，看着那岩石表面的照片时，就像在看月球表面一样。我陷入这种新奇的感觉不能自拔。地球上的一块石头和月球相关联，又从月球移动到别的空间，以这种感觉为出发点，取了"月球之石"这个名字。

基岩事故

双生仙客来

另一个次元

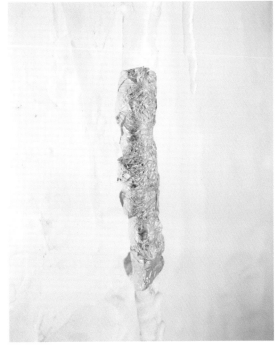

冰柱

知日○在摄影创作中遇到过最大的困难是什么？又是怎么克服的？

泷泽宏●对成像效果的追求吧。总是达不到自己想要的效果，反复尝试无数次，一边这样一边对自己说必须积累、重复。这种苦行僧的感觉，在经历过之后就喜欢上了。

知日○拍摄的过程中有什么有趣的经历吗？

泷泽宏●把自己的历史和地球的历史以照片的形式保留下来，从而发掘新的价值，我想就是这个吧。像岩石、地表这些经过亿万年岁月变迁的东西，光靠人类自己是很难想象的。但用相机却能瞬间把这些拍摄下来，进行加工得以数据化。我想对于人类来说，比起单纯观察岩石、地表这些表面的东西，通过记录岁月演化的数据更能发现类似生命的东西吧。而且，如果能做到依靠视觉产生的印象带给人们以触摸感般的实际体验，我觉得那种感觉非常有意思。

知日○对中国的《知日》读者有什么想说的吗？

泷泽宏●能有机会向中国的朋友介绍我的作品，觉得非常荣幸。照片就像是彼此共同的语言，可以走遍世界。通过摄影把个人的想法传达给全世界、得到认可是我一直在追求的事。把自己的想法和大家一起分享真的很高兴。我想今后亚洲的摄影会得到越来越多的关注。尽管我个人的力量有限，但如果能做出一点点贡献我会感到很荣幸。期待我的作品能够带给中国的观众一些东西。这次真的很感谢大家观看我的作品。谢谢大家！

反射 2#

河水反射

红色

毛丹青丨text

　　德岛的阿波舞已有400多年的历史了。其实，无论从每年夏天的聚众规模来看，还是单从一个舞者的身姿来看，我总觉得这种舞应该叫"阿波街舞"才对，要不然，很难找到一个恰当的形容词来描述上述的场面。尤其对于那些妖娆妩媚的女舞者，真的很难用一个"舞"字代替。

　　光从直线移动的舞姿来说，阿波街舞也许不能与歌舞伎相比，一个是在现实的开放场合下的"动"，一个是在虚拟的封闭空间之中的"静"，几乎不是一个次元的事情。

　　我有个学生叫广田美香，她是德岛人，从小跟父母一起跳阿波街舞长大，后来喜欢上了歌舞伎，而且还缴纳昂贵的学费专门找了师傅学习。但半途而废，一直到大学毕业的时候，她对谁都没说过这件事。不过，在毕业典礼后的谢恩会上，她告诉了我。

　　她是学生干事，很活泼，有时像男生，因为喜欢歌舞伎，专门找了一家有歌舞伎表演的餐饮店。其实，大学的"谢恩会"完全是学生自发组织的，人数并不多，基本上以大四的研究班为主体，全额费用由学生平摊。

　　广田美香所在的我的研究班加上她共10名，毕业典礼的那天有个男生忙于就职活动，跟我请了假缺席。这样一来，谢恩会加上我正好10人。

　　歌舞伎出台的店内灯光摇曳，茶香满堂，暖色的光影把舞伎的身姿映得如水波般荡漾。三味线的琴弦音漂浮而虚幻，有时悲风流水，有时玉盘倾泻，引起坐客一阵阵的尖叫，把迷离的歌舞剪得支离破碎。

　　店内尖叫得最厉害的是广田美香。

　　按照学理上说，歌舞伎跟阿波街舞一样，至今也有400多年的历史，今天日本的显达们不仅为之倾倒，而且以通晓这类舞艺作为符合身份的一大筹码。但是，如果是第一次观看歌舞伎的表演，又事先对它没有任何了解，那我估计不少人会对舞台上那无精打采的步履、手势以及嘴脸交替的变幻不知所云。因为它毕竟是室内一种讲究"静"的艺术。

　　歌舞伎的表演结束后，我跟学生说的话也是从这一话题开始的，就像大四的研究班尚未结束一样。我告诉大家自己曾经在柏林看过一台舞剧，说的还是东方的事儿，可能因为语言不通的缘故，结果满台舞女飞袖回影，男士歌声如潮，裂石穿云，弄得我当时整个摸不着头脑。后来，我吸取教训，每次看舞剧，都会做一把预习，尤其对那些语言不通的剧目，非把它琢磨透了才去。久而久之，这甜头儿也尝到了，而且不知不觉中，对沉闷而缓慢的日本歌舞伎也能看出它内心沸腾的一面。

　　听了我的这番话，广田美香开口了，而且说话的语调完全不像个学生，几乎跟一位资深的女教员差不多。她说："舞伎的舞是从缓慢悠长的动作中，用心去体验的一个技法。哪怕对一个指头的弯度、转腰的幅度，还有眼神往哪边看、头发丝往哪边顺，都是从内心读出来的。这种细腻入微的心灵读术使每一个舞蹈中的舞伎都处在一种类似入境的状态里，旋转、闪身、扬臂、垂头……沉浸于自我的空灵世界。"

　　讲到这儿，广田美香的话好像还没完。但作为她的老师，我原本对她的印象只是一个普通的女生，

至于大家说她如何活泼、行事如何像男生，我无从可知，这也许是我从不参加学生活动的缘故。不过，听她滔滔不绝地解说，的确让我吃惊。尤其是过度的性格反差也是我对日本好奇的一种。接下来的谈话就像一场学术讨论会一样，除了她跟我对话之外，其他的日本学生面面相觑，谁都是以敬慕的眼光看她的。

我说："室町幕府时代，有个岛根县出云神社的头号铁匠的女儿，年仅8岁，但被装扮成了巫女，娇情弱步，婀娜腰肢，常常惊起四座。等到她32岁在京都四条河原做整场表演时，这种舞姿就开始被称为歌舞伎了。"

广田美香插话："我知道，她叫阿国。"

我继续说："歌舞伎其实是江户时代弱势群体的一大娱乐，当时看舞并没有如今的大场面，观众里既没有穿和服的官绅，也不见妖艳靓丽的贵妇人。每次观舞的大都是民工和小贩子，而且他们的座位也十分滑稽。舞台下面全是土台土沟，观众席地而坐，有吃零食的，有吃盒饭的，还有吃寿司的。反正他们的嘴巴就像大海里的河豚一样，一张一合，一到了冬天，每人嘴里保险会冒出发白的热气。观众看歌舞伎，总有人吆喝，或者狂叫，有时近乎球迷一样兴奋。为了制止观众过分地喊叫，舞台周围一般都安排了一个猛汉子，他专凭超人的身手管制那些观众，愤怒的时候，则大打出手，把观众一脚踢出界外，为此还能赢得另外一阵掌声。据说，荒事的笑容是最灿烂的，一点儿不比舞台上的逊色。歌舞伎的剧情都是简

单的，因为源起于巫女的舞蹈，一般是不讲故事的，只讲究那起舞瞬间的气氛。这就好比一位巫婆，她是不会跟你说故事的，往往是用凄厉而动人的嗓音为你营造一个场面，无论是穿戴，还是声音，总叫你迷迷糊糊，似有非有，如烟如云。现代的歌舞伎已经贵族化了，但舞剧的剧情依然十分简单，从来不会像发达的推理小说那么复杂。"

我跟学生说话有时难免像讲课，这也许算是职业病。而且，我发现发病的条件往往源于学生的好奇心，同时还基于学生与教师达到了一个对话的程度，从这个意义上说，广田美香是个出色的学生。

她一边认真听我说，一边意识到有关歌舞伎的话题最多也就是她一个人感兴趣，其他同学未必她一样痴迷。于是，她大声说："从现在起，我们每人都拿起酒杯，为了感谢先生这四年的培育之恩，让我们无话不谈吧，但严禁讲学术，因为学术刚才已经讲完了。"

没等她的话音落地，大家都笑了起来，顿时返回到了平常聚会时的气氛。我先举起酒杯，用了一句老话鼓励毕业生："考试有成功，也有失败，因为有分数这个标准；但人生不分成功与失败，因为从来就没有分数这个标准用于判断你的一生！"

这时，广田美香率先鼓掌，大家起立，齐声说："谢谢先生指教。"其实，这些年一直在日本的大学任教，每回送毕业生时都会出现类似的尊师场面，叫我感慨。

谢恩会是快乐的，学生们已经像走上社会的人一样，不仅听我的所说，而且还说出了很多自己的

想法，尤其是对未来的展望，句句都有非常青春的感觉。

不过，在这群学生中，还是让我说说广田美香吧。因为下述这段谈话是我根据记忆实录下来的，关键是跟《红色》的题目相关。

"先生最近又在写什么呢？"
"在为《知日》月刊写新连载，每个月都写，挺赶的。"
"题目是什么呢？"
"色彩。12个月份12个颜色。"
"哦？先生愿意听我讲讲红色吗？"
"当然要听。"

我虽然当即是这么回答的，但多少有些意外。因为广田美香平时给我的印象并没这么积极，至少在我的课上始终是个安静的学生。上一年级时有一回讲寺院文化，我在黑板上写满了参禅的行程，类似早觉、闻钟、著衣、下榻、行步、出室、净面、饮水、礼佛、受食、食乞、洗钵、漱口、坐禅、睡眠、剃发、沐浴等等。结果，别的学生都听得聚精会神，只有她在打瞌睡。本来是一双大大的眼睛也变成了半闭状。

"我从很小的时候就跳阿波街舞，全家都喜欢夏天跳这个舞，大概是家族的遗传吧，才会让我这么热衷。后来从德岛考大学考到神户，上一年级的时候认识了一个男朋友，他是歌舞伎家族的儿子。"

"难怪你那个时候上课打瞌睡呢。"
"真不好意思，因为我喜欢歌舞伎，觉得比阿波街舞优雅，所以很想学。"
"可是，歌舞伎不许女人上台表演呀。"
"这个我知道，就像先生刚才讲的，歌舞伎的原初是阿国，而阿国是个女的，可到了江户时代，由于女版歌舞伎带有色情成分，被幕府取缔了，结果一直到了今天，歌舞伎全是男人的世界。"
"有些地方或者乡村还有女版歌舞伎，但已经很稀少了。"
"……我知道先生研究歌舞伎，所以想说这些。不过，这些话对谁都没说过。"

我一时不知说什么好，抬头看看其他同学，大家好像已经high起来了，四年的友情似乎都被集中表现于这一时间段之内。广田美香坐在我的对面继续往下说，似乎跟同学们的热烈场面隔开了一层。

"我告诉我男朋友自己想学歌舞伎时，他嘲笑我，还说我不懂事。"
"他应该是个继承家业的人，对歌舞伎很了解。"
"是的。可我非学不可，而且还找了一位师傅教我，我打工的钱都做了学歌舞伎的学费，很贵的。"
"明知这是个没前途的事情，为什么还硬要学呢？"
"可能是DNA的影响吧。日本有太多的不公平，很多店连寿司都不能让女人做，有的佛山不让女人进，歌舞伎原本是女人开创的，到了今天，女人反

162

倒被拒之门外，这真的不合理。"

　　说到这儿，广田美香有些激动，她提高了嗓门跟我说："上二年级的时候，我跟他分了手，很痛苦。但我还是坚持学歌舞伎，而且背着所有的人，我文了个刺青。"

　　店内，其他同学相互说话的声音也变高了，水涨船高的样子，但除了我在倾听她的话之外，好像谁都没在听。

　　"刺青是为了以痛治痛吗？"

　　"也不完全是那样，只觉得独自一个人的时候，有了它就有了安静。"

　　"……"

　　"刺青是红黑两色的，一朵无名花，刻在了右胸上，可后来才发现我对红色过敏，黑色没问题，但红色会鼓起来，越鼓越大。"

　　"那要赶紧到医院去看下。"

　　"是的。医生告诉我要想治好的话，只能去掉刺青，别无选择。"

　　"你去掉了吗？"

　　"红色鼓起来很痛，痛得我实在受不了，后来就去掉了刺青，这是大学三年级的事情。"

　　"去掉后，治好了吗？"

　　"没有。"

　　"为什么？"

　　"1年以后，医生说我得的是红斑狼疮症，根治需要相当一段时间。"

　　"这是发生在你四年级时的事情，对吗？"

　　"是的。所以我讨厌红色，因为它让我痛了。"

　　听完广田美香的话，我真不知说什么才好。我记得曾经看过一场描写歌舞伎的大型现代舞剧《阿国》，当时是为了纪念歌舞伎诞生400周年而特别策划的，出场的演员都是实力派。绚丽的布景，幻觉的灯光，把室町时代的巫女表现得如闻其声、如见其人。尤其是最后那场烈舞，男女交错闪现，舞台上出现不规则的乱点儿，时而相聚，时而炸散，最后变成巫女跳跃的一条长线，白白的，发出类似鱼鳞般的寒光……镜花水月、虚幻的人生，在梦境般的夜晚真实绽放。

　　谢恩会上与学生的谈话竟然如此沉重，完全出乎意料，同时红色不仅进入了她的身体，而且还伤害了她，这是我无法预测的。

　　红色对于广田美香来说，也许是一个本命色，它不仅暗藏了痛苦，而且还揭示了消除痛苦的可能。对此，我没再跟她说什么。

　　日本人称红色为"赤、朱、丹"，其中的任何一色都是"红"，表达的意思包括太阳、鲜血与火焰等等，但对一般人来说，邮局的红邮筒也许是最显眼的。另外，还有一处的红色颇具喜感，即每年出现于日本挂历上的红色日子。因为这时的红色表示全日本国民可以休息了，红色是报喜。

这些年的「和製英語（わせいえいご）」

[columns]

告诉我吧！日语老师

刘联恢 | text

打从19世纪中期福泽谕吉提出"脱亚入欧"、全面西化的理论，日本就从政治、经济、文化到社会生活等各个方面迅速向西方靠拢。就拿这一期的主题"家宅"来说，当代日本人的建筑样式和居住空间早已是"和洋"并存。也许拉开"襖障子（ふすましょうじ）"※纸隔扇门，里面是一间"リビングルーム（living room）"，地板是木制的"フローリング（flooring）"而并非铺了榻榻米的"床（ゆか）"……可以说，英语词汇像潮水一样进入了日语之中。

当然，在流行的新词里，来自外语的更是比比皆是。有的直接从英语、法语里拿来，有的则是日本人利用英语词汇创造出来的，就是所谓的"和製英語"※日本造英文。想到从前日本也是这样创造了大量的汉字词汇，不由得感慨日本人的"拿来主义"—— 将他国的思想文化、科学技术收为己用真是得心应手啊。

这一课，我们就来看几个近年来新鲜出炉的"和製英語"词汇吧。

アマフェッショナル

（ama-fessional）

第一眼看到这个词，也许大多数人都一头雾水，但是说到这个词的来源，学日语的同学应该不陌生："プロフェッショナル（professional）"表示"职业的"，在口语里想表示"专业、训练有素"只需要说"プロ"就可以；与之意义相反的词，就是表示"业余的"这个意思的"アマチュア（amateur）"了。把"アマ"冠在"プロ"前边，不言而喻就是指那些其实是门外汉，但是讨论起什么事来都振振有词、表现得很内行的人，这样的人在现实生活中可不少，不管是电视节目还是网络媒体，到处可见他们侃侃而谈的身影。

中国的相声艺术里有一段经典的单口相声段子 ——《假行家》，绘声绘色地描画了一位其实什么都不懂，但是假装自己是开药铺的专家"贾行家"。当然了，必须还有一位"满不懂"满大爷配合，贾行家才能淋漓尽致地发挥，抖出一连串笑料。不过那都是老黄历了，现在社会已经发展到网络时代，资讯传播媒介极其发达，民众受教育程度也大大提高，如果再有这样打着"行家"的幌子，实际上是个"满不懂"的"アマフェッショナル"出现，想必被揭穿也就是分分钟的事儿吧。

エアリーダー

（air reader）

　　日语里有一个很著名的英文字母缩略词叫作"KY"。著名到什么程度呢？著名到被拿来命名相同类型的字母词，这些词被统一称为"KY语"。KY语并不一定都是英文，甚至大部分都是日语词罗马字读音的首写字母。比如说"AK"，其实是"ありえない考え方"※不可能的想法的缩略语。这些词的存在表面上看大大增加了外国人学日语的难度，其实并非如此，因为这些词一般只在小范围或者特定圈子里流行，而且根据说话当时的语境、前后文等等也能猜个八九不离十。

　　话题回到这个"KY"的意思上来，这个词主要是从女高中生这个群体开始流行的，用来形容"愣头愣脑，搞不清状况"，或者这样的人。完整地说出来就是"空気が読めない"。有时候这个词也可以用来提醒别人，在对方耳边低声说一句"KY"，意思就是："おまえ、空気を読め！"※你给我搞清楚状况！

　　我们再来看"エアリーダー"和"KY"的关系：因为表示情况、状况的"空気"，翻译成英语就是"air（エア）"，所以如果一个人能够迅速掌握情况并适应氛围，就可以称为"air reader"，日语就是"空気が読める人"——这是很直接的对译。这里要注意的是，"リーダー"是"reader"，而不是"leader"，谁让日语里没有"l"和"r"的区别呢……

　　对于初入社会的年轻人来说，职场如战场，要迅速读懂现场的气氛并做出合适的应对，确实也需要比较高的情商。希望大家都能得到别人一声由衷的赞誉："おまえは本当にエアリーダーだな！"※你小子还真是会把握状况哪！

ハミングアウト

（humming out）

　　"ハミング（humming）"来自英文。英文词典里，"hum"是小声嗡嗡哼唱的意思。除了人哼歌，高频振动的嗡嗡响也可以用这个词表示——快速扇动翅膀的蜂鸟在英文里就叫作"humming bird"。而"ハミングアウト"这个词是"humming"和"coming out"的合体。

　　红楼梦里，王熙凤关于底下人禀事有一段议论："我就怕和他们说话，他们必定把一句话拉长了作两三截儿，咬文咬字，拿着腔儿，哼哼唧唧的，急得我冒火，他们那里知道！先时我们平儿也是这么着，我就问他：难道必定装蚊子哼哼就是美人了？"听人发表意见，最难受的不是跟谁意见相左，而是碰到这样"ハミングアウト"的人。

　　越是重要的事情，有些人越是说不清楚。是故意不说清楚还是着急说不清楚，恐怕只有当事人心里明白。但是站在听话者的立场上，可能只会觉得对方哼哼唧唧，还真够着急的。"ハミングアウトする人って、話したいのか話したくないのか不明だよね。"※那些哼哼唧唧说话的人，到底是想说呢还是不想说呢，真是搞不清楚啊。

カオス

（Chaos）

　　说起这个词，来源可就相当古老了。"カオス"源自希腊语"Χάος"，英文是"Chaos"，本意是古希腊神话中世界最初产生的原始神，现在指超越一切有形存在的混沌。

　　"カオス"进入日语的时间也不短了，在日语中也不止有一种用法。它可以用来表示悲伤或者失落的感情，例如别人问起你："英語のテストどうだった？"※英语考得怎么样啊？你就可以悲痛地回答说："カオスだよ。"※一团糟啊。也可以用来表示东西散乱、完全没整理的样子 ——"部屋がカオス"※屋子一团乱；"頭がカオス"※脑子一团乱。还可以用来形容问题十分复杂难以解决的状态 ——"この問題はカオス過ぎて解けない。"※这个问题太混乱了，根本解不出来嘛。

　　这两年，这个词成为网络用语，迅速在"ニコニコ動画"和"２ちゃんねる"等网站上火了起来，用来回复那些"意味不明"、"理解不能"的帖子。回帖的时候可以用后缀微笑颜文字的形式，表达为"これはカオスwww"。看帖子时遇到意想不到的发展或者结局，也可以说"カオスな展開"※神展开。

コスメリアン

（cosmerian）

　　这个词有点搞笑，也有点讽刺，来源于日语的外来语"コスメ"。"コスメ"是"コスメチック（cosmetic）"的简称，本意泛指一切化妆以及美容用品，后来慢慢演变为专指面部和美发用的化妆品。日本有个关于化妆品的信息交流网站就以此为名。

　　日本女性一般都很重视化妆，无论年纪大小，凡出门必定要郑重地化好妆。在日本街头基本上看不到素颜的女性，都是淡妆或者裸妆。这是因为日本女性大多认为，化妆是对他人以及自己的尊重。

　　尽管这么重视化妆，日本人也是很排斥浓妆的。"コスメリアン"就是用来形容化妆之后宛若变身的女性。特别是一些10多岁或20岁出头的年轻女孩儿，浓墨重彩化出来的两个大眼睛好像外星人一样，皮肤更是闪闪发光，根本看不出她本来的面目。化成这样的姑娘就可以叫作"コスメリアン"了。

　　话说回来，也许世界上所有10多岁的女孩子审美都差不多，在网上po出自拍照的各国少女都以"化出的大眼睛＋嘟嘴＋亮闪闪的皮肤"为主流特征。但她们也不会一直这样化下去，要知道人的审美也是会慢慢变化的，随着时间的流逝和少女的成长，这样的妆容也会成为历史，被封存在电脑的某个文件夹里吧。

スイッチガール

（switch girl）

　　这个词单看字面可能比较难以理解，不过其实还是很形象化的。说的是那些在众人面前容姿端丽、举止表现得好像女神一样的姑娘，回到家里就像变了个人一样，要么是干物女，要么是女汉子……总之，就像装了个开关似的，开关一开光彩照人，开关一关就形神俱变。这并不完全表现在"外キャラ"上，而是由外至内，言谈举止、穿着打扮都包含其中。

　　这个词来自于漫画作家あいだ夏波（逢田夏波）在漫画杂志《玛格丽特》（集英社）上连载的漫画《スイッチガール》，汉语翻译成"变身指令"。主角仁香平时在男生面前是美少女偶像的形象，但私底下的生活跟中年大婶没什么两样，故事就是围绕着她的这种变身生活展开的。

　　变身开关除了用于在家跟在外的切换，一些女孩子还用来控制自己在男性面前和在女性面前的表现。也许观众看得很累，但是表演者乐在其中吧 —— 这也算是一种特别的人生之路了。

ブラックパーティー

（black party）

　　最近"正能量"和"负能量"这两个词比较流行，常常在网络上看到。"满满的正/负能量"，大家都用得很得心应手。

　　"ブラックパーティー"这个词就带有"满满的负能量"，不是说这个词本身含有贬义，而是说它所包含与展现的内容。"ブラックパーティー"写出来是英语"black party"，含义就是字面上的"黑暗聚会"。不过，这个黑暗聚会可并不是关于什么阴谋罪恶，说穿了其实就是很单纯的"吐槽大会" —— 三五好友定时小聚，聚会的内容是对最近感受到的不公和不满进行彻底吐槽，从社会现象到公司老板、家人、男女友等等无所不包。一番抱怨之后，大家的感情得到了宣泄，压力得到了释放，于是乐呵呵地回家了……

　　简而言之，这其实就是好友之间相互充当情绪垃圾桶的一种组团行为，把以前两三个人的小范围吐槽活动扩大了规模。和总跟一两个人倾诉比起来，人多了，八卦也多，说和听都容易产生乐趣，避免了两三个人长期互听抱怨，久而久之有发展为两三个祥林嫂的倾向。所以，虽然内容可能多是负能量，但是负能量碰上负能量，就可能负负得正变成正能量了 —— 也许有一天你也会说："ブラックパーティーのおかげですっきりしたよ。"※多亏了吐槽大会，我现在感觉神清气爽啊。

网站
亚马逊
当当
京东
快书包
中信出版社淘宝旗舰店
知日 Online Store

北京
西单图书大厦
王府井书店
中关村图书大厦
亚运村图书大厦
三联书店
字里行间书店
Page one 书店
万圣书园
库布里克书店
时尚廊书店
单向街书店
7-11 便利店

上海
上海书城福州路店
上海书城五角场店
上海书城东方店
上海书城长宁店
上海新华连锁书店港汇店
季风书园上海图书馆站店
"物心" K11 店 / 新天地店

广州
广州购书中心
新华书店北京路店
广东学而优书店
广州方所书店
广东联合书店

深圳
深圳中心书城
深圳罗湖书城
深圳南山书城

南京
南京市新华书店
凤凰国际书城
南京大众书局
南京先锋书店

天津
天津图书大厦

西安
陕西嘉汇汉唐书城
西安市新华书店
陕西万邦图书城

杭州
博库书城
杭州庆春路购书中心
库布里克书店

郑州
郑州市新华书店
生活·读书·新知三联书店郑州分销店
郑州市图书城五环书店
郑州市英典文化书社

山东
青岛书城
济南泉城新华书店

山西
山西尔雅书店
山西新华现代连锁有限公司图书大厦

湖北
武汉光谷书城
文华书城汉街店

湖南
长沙弘道书店

安徽
安徽图城

福建
福州安泰书城
厦门外图书城

广西
南宁书城新华大厦
南宁新华书店五象书城

云贵川渝
贵州西西弗书城
重庆西西弗书城
成都西西弗书城
文轩成都购书中心
文轩西南书城
重庆书城
新华文轩网络书店
重庆精典书店
云南新华大厦
云南昆明书城
云南昆明新知图书百汇店

东北地区
新华书店北方图书城
辽宁大连新华书店
辽宁沈阳新华书店
辽宁沈阳三联书店
辽宁鞍山新华书店
吉林长春联合图书城
吉林长春学人文化传播有限责任公司
吉林长春新华书店
黑龙江新华书城
黑龙江哈尔滨学府书店
黑龙江哈尔滨中央书店
黑龙江哈尔滨三联书店

西北地区
甘肃兰州新华书店西北书城
甘肃兰州纸中城邦书城
宁夏银川市新华书店
青海西宁三田书城
新疆乌鲁木齐新华书店
新疆新华书店国际图书城

机场书店
北京首都国际机场 T3 航站楼中信书店
杭州萧山国际机场中信书店
福州长乐国际机场中信书店
西安咸阳国际机场 T1 航站楼中信书店
福建厦门高崎国际机场中信书店

《知日》零售名录